フィールドの生物学─③

モグラ

見えないものへの探求心

川田伸一郎 著

東海大学出版会

Discoveries in Field Work No.3
The Mole
-Exploration to the invisible creature.

Shin-ichiro KAWADA
Tokai University Press, 2010
Printed in Japan
ISBN978-4-486-01842-1

はじめに

多くの研究者がそうするように、まずはなぜモグラを研究するのかについてから語り始めよう。モグラは食虫目モグラ科に分類される小哺乳類の総称で、日本では北海道と南西諸島をのぞくほぼ全域に生息しており、われわれが住んでいる街周辺の田畑だけでなく、都市部の緑地にまで見ることができる。数種のモグラはコウモリ類のアブラコウモリと並び、もっとも人に身近な野生哺乳類である。そのくせわれわれがモグラについて知るところは限られている。モグラと聞いて想像するのは、サングラスをかけているだとか、シャベルをもってヘルメットをかぶっている、といった工事現場の看板に登場するイラストなどのイメージだろうか。もちろんこれは迷信。ただいずれもその特徴をうまくとらえている。すなわち、モグラは目が見えないし、土中にトンネルを掘ってそこで一生をすごす。

われわれがもつモグラのイメージはざっくばらんに正しい解釈のようだが、じつは実物を見たことがあるという人はそれほど多くはない。一般大衆に

「モグラを知ってますか?」

と質問してみる。回答は、

「知ってます」

で、日本国民のうち、幼児までの世代をのぞくほぼすべての人がモグラという名前を知っている。おもしろいのはモグラがいない北海道や沖縄の人たちでさえ、モグラという動物が「目が見えなくて、土中で生

活する動物」であることをご存知だ。モグラの知名度たるや、あらゆる哺乳類の中でナンバーワンといっても過言ではない。

さて、次の質問。

「モグラを見たことがありますか?」

意外とこの質問に対してイエスと回答する人は少ない。田舎町ではこのパーセンテージはけっこう高いだろう。ただし、都市部の人たちでは三割くらいといったところであろうか。次の質問に移ろう。

「生きているモグラを見たことがありますか?」

この質問に肯定する人は都市部の人では一割未満といったところだ。これは東京都内の緑地などでも生活を営むモグラという動物に対して、知ってはいるが、見たことはないということを示している。

なぜみんなモグラを見たことがないのだろう? 一つの答えはモグラが地下棲の動物であって、一生涯ほとんど地上に姿を現さないからだろう。だからこそ、モグラは人々にとってなぞの動物であり続けた。

それは研究者にとっても同じだ。

モグラについて知られていることはじつはすごく少ない。馴れた人でなければ観察するのも難しい。見えないから見たい。知りたい。これがモグラ研究者にとって共通の関心となっている。

僕は大学院の修士課程に在籍するときにモグラの研究を始めた。モグラといってもこの頃研究材料にしていたのは、ヒミズという小型のモグラで、一般に知られているモグラとは違って、地中での生活もするが、地表でも採餌するタイプの半地中性のライフスタイルをもつグループである。僕は子どもの頃から動物図鑑などでこの動物の存在を知っていたが、実際に出会ったのは大学四年生の頃で、ネズミの染色体研究を始めた頃だった。はじめて出会ったヒミズは、機敏に動き時々甲高い声で鳴くという、とても奇妙な動物だった。僕はこの動物にすっかり魅せられてしまった。それで修士課程では日本のヒミズ類二種について染色体の形態がどのように違うかということをテーマにして研究した。

その後、僕は一度研究の世界から足を洗おうかとも考えたが、名古屋大学でモグラの研究を本格的に再開することになった。博士課程に進学したのである。

本書では僕がモグラ研究で経験してきたフィールドでのさまざまなことを書いていこうと思う。モグラ研究はこれまでにも多くの先人たちによって成し遂げられてきたが、僕は実際にモグラを捕まえて観察することから始まる調査・研究をやってきた。これまでに捕獲したモグラの種数は二五種ほどになる。外国での調査もたくさん行ってきた。本書がこれから野生動物の研究を志す後輩たちにとって多少なりとも参考になればうれしく思う。

さて、一九九八年の三月、二五歳の僕は名古屋大学大学院生命農学研究科に博士課程の学生として所属し、愛知県北設楽郡設楽町に立っていた。ここから僕のモグラへの探求が始まる。

目次

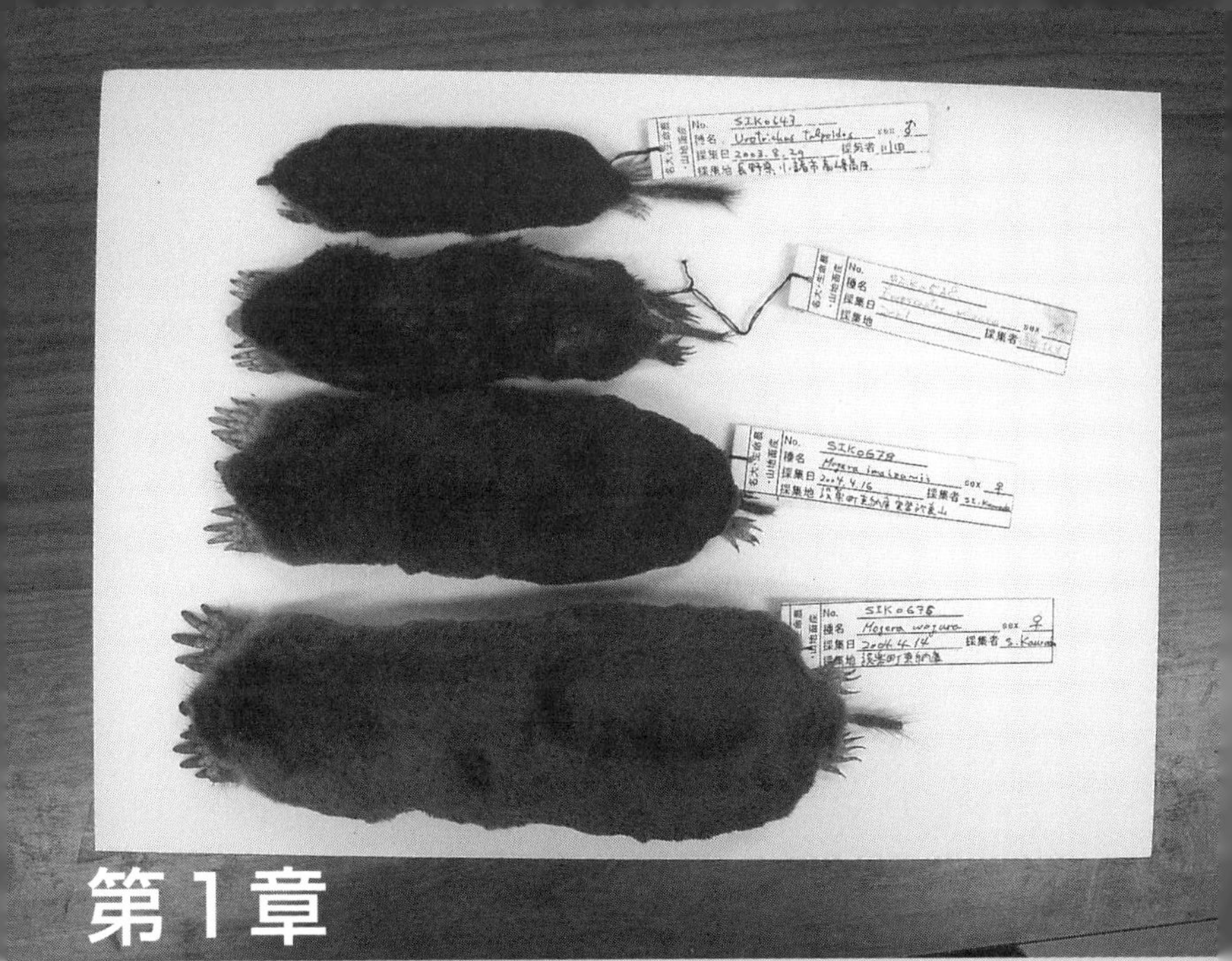

第1章
日本でモグラを調査する

愛知県設楽町でのモグラ調査

モグラ天国

「日本はモグラ天国だ」と僕は表現する。この三八万平方キロメートルという広いとはいえない国土に、なんと八種のモグラが生息している。比較としてアメリカ合衆国のモグラ数を考えると、九三七万平方キロメートルという広大な土地に、やはり八種のモグラが分布している。日本にこれだけの種数が生息している要因としてはさまざまなことが考えられるが、本来モグラが温帯性の動物で、地下での動物食資源に依存しているということが一点挙げられよう。モグラの餌となるミミズや小昆虫は、基本的に落葉の堆積が多く、湿度の高い土壌で爆発的に増殖する。日本のように降水量が多く、落葉広葉樹林が発達した土地柄は、モグラにとって理想的な環境といえる。また日本列島は南北に細長く、多くの山脈によって高低差が著しい。こういった地形も複数種のモグラが共存できる多様な環境を構成している。

日本といっても狭くて広い。北海道にはなぜかモグラはいない。これはモグラ研究者にとって大きな謎である。氷河期には北海道はサハリンを介して大陸と陸続きになり、さまざまな哺乳類が渡来したといわれるが、なんとその対岸の沿海州にはモグラは生息している。また津軽海峡が陸続きになった頃に本州から北海道に渡らなかった理由もうまく説明できない。おそらく氷河期には東北地方のほとんどが亜寒帯の気候になったことなどが関係しているのかもしれない。あるいは陸続きになったからといって、そこに森林が形成されたりしないと、小哺乳類にとっては大陸と日本列島をつなぐ回廊としては機能しないのかもしれない、と僕は思っている。

また南西諸島にもモグラはほぼいない。「ほぼ」とつけたのは、尖閣諸島の魚釣島からセンカクモグラ(*Mogera uchidai*)というモグラが知られているためだ。尖閣諸島は日本列島の一部というより、台湾と同じ大陸棚に位置している。そのため台湾のモグラに類縁があると考えられている。これをのぞくと、屋久島よりも南の日本にはモグラは分布していない。

これだけモグラの種数が多いのだから、これまでにも多くの研究がなされてきた。そして現在進行中のものも多い。さまざまな観点でモグラが調べられているが、僕が最初に調べた内容は染色体の違いを明らかにするというものだった。

僕は弘前大学理学部生物学科の出身で、哺乳類の染色体を研究している小原良孝先生の研究室に所属していた。そのため染色体の分析は僕の得意とするところであり、現在も継続して行っている。モグラについて多くの研究がなされていると書いたが、じつは染色体に関する研究はあまり進んでいなかった。そこで日本のモグラの染色体をすべて調べてみようと思い立ったのである。過去の研究としては、すべて日本のモグラ類は染色体数が三六本であること、種間で染色体の形に微妙な違いがあることは知られていた。ところが具体的にどのような染色体の形態変化が起こってきたのか、ということに関してはまったくわかっていなかった。これを明らかにしてやろうというわけである。

染色体のいろいろ

染色体は細胞が分裂する際に顕微鏡下で可視化される構造であり、「遺伝子を入れる器のようなものである」とたとえられる。そして染色体の数と形（これを核型というので覚えておいてほしい）は、生物の進化の過程で変化するため、進化を理解する上で重要な形質の一つであると古くから考えられてきた。ところが最近では核型に関する研究を志向する研究者は少なくなっている。

なぜモグラの染色体がこれまで調べられてこなかったのか、ということを説明しよう。染色体を調べるためには、生きている細胞が必要である。この細胞を直ちに分析しなくては、分析はうまくいかない。時には死んですぐの個体からもサンプルをとることができるが、これも迅速に研究室で培養の操作を施す必要がある。こういった作業を行うにはモグラを捕まえる必要があるわけだが、ところがモグラという地下性哺乳類は捕まえるのがけっこう難しいといわれている。これは農家の方のほうがよくわかってもらえるかもしれない。染色体を調べるためには、理想的な条件としては、モグラを生け捕りにする（あるいは死亡して間もない個体を入手する）必要があるのである。誰かがどこかで捕まえた個体を送ってもらってサンプリングするというのは、かなり難しい。

もう一つの理由は、染色体研究という分野が研究者の関心を引くものではなくなった、ということである。哺乳類の染色体研究は一九六〇年代頃から培養技術の発達とともに隆盛を誇るが、一九八〇年代になると生化学的な手法を用いた系統解析の発展とともに、しだいに廃れていった。さらに一九九〇年以降の遺伝子解析の簡便化によって、染色体の核型分析により哺乳類の類縁関係を探ろうとする研究者はほとんどいなくなってしまった。

このように考えると、モグラ捕りの大先輩ともいえる土屋公幸先生によってモグラ類に関する染色体研究が行われて、核型の論文（土屋、一九八八）が発表された一九八八年は、染色体研究の限界期ともいえる頃で、以来モグラ科の染色体研究はモグラがじょうずに捕獲できて、この時代ながらに古臭いといわれる染色体解析技術を自慢の種にする僕の登場を待っていたといえるのかも知れない。僕は名古屋大学でこの研究に着手することにした。

さらにもう一点、染色体研究の魅力といえるのは、新鮮なサンプル採取のため研究材料をフィールドで捕獲しなくてはならないという点である。動物を捕まえるという作業は、めんどうではあるものの、その動物の生態を良く知ることができる。動物がどのような空間を利用していて、どのように生活を営んでいるのかを知らなくては、捕まえることはできない。僕は後にこの捕獲という作業を通じて、染色体のみならずさまざまな観点からモグラという動物の魅力に迫っていくことになった。

まずは近場で採れるものから

一九九八年三月、愛知県北設楽郡設楽町にある名古屋大学農学部附属山地畜産実験実習施設（当時）（写真1・1）で織田銑一先生の下で博士研究をスタートしようとしていた僕がまず始めたことというと、モグラ捕りである。モグラの捕獲にはいくつかの方法があるが、ワナを使うのが一般的である。施設にはモグラを駆除するために購入された、「ハサミ式」と呼ばれるワナがいくつかあった。まずはこれを用いてモグラの捕獲を開始した（図1・1）。

写真1・1　施設の門（上）と全体の概観（下）．山にかこまれた良好なフィールドだ．

設楽町は愛知県のほぼ北東の端にある町で、奥三河地域と呼ばれる場所にある。約千メートルほどの山が多数ある谷間に、いくつかの集落があり、施設があるのは名倉地区と呼ばれる標高七〇〇メートルくらいの場所である。

日本には八種のモグラ科食虫類のうち、六種のモグラ亜科に分類されるモグラ類が分布している。残りの二種はヒミズ亜科に分類される。愛知県の平野に生息するモグラはコウベモグラ（*Mogera wogura*　写真1・2）である。コウベモグラは九州・四国と本州の中部地方以西に分布するモグラで、愛知県の分布はこの種のほぼ最東端に位置するといえる。

施設の周辺には水田が広がっており、ここにたくさんのモグラが作ったトンネルがあるのを見つけた僕は、早速ハサミ式ワナを設置してみた。ところがいくら待っても、モグラが捕れない。「なるほど、確かにモグラ捕りは簡単ではない」とまず思い知らされた。

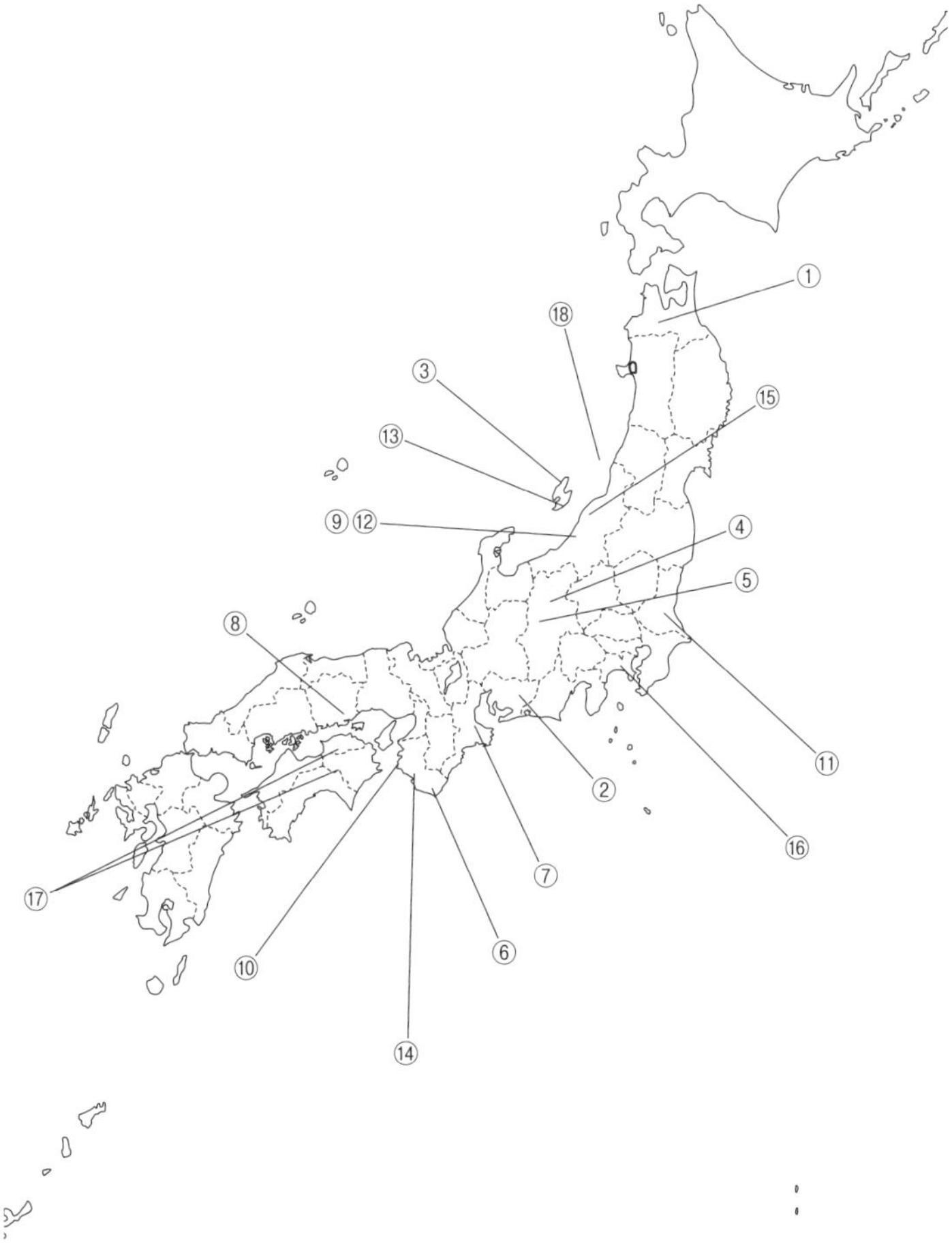

図1・1　日本での調査地．①青森県弘前市周辺（1994～1997年）．②愛知県設楽町（1998年）．③新潟県相川町・新穂村（1998年５月）．④長野県須坂市（1998年５月）．⑤長野県上松町（1998年６月）．⑥和歌山県古座川町（1998年６月）．⑦三重県津市（1998年７月）．⑧岡山県瀬戸町（1998年８月）．⑨新潟県巻町（1998年10月）．⑩和歌山県白浜町（1999年１月）．⑪茨城県つくば市（1999年２月）．⑫新潟県巻町（1999年３月・４月）．⑬新潟県小木町（1999年４月）．⑭和歌山県日置川町（1999年５月）．⑮新潟県京ヶ瀬村（2000年４月）．⑯神奈川県藤沢市（2001年１月）．⑰香川県塩江町・徳島県剣山（2001年３月）．⑱新潟県粟島（2001年５月）．

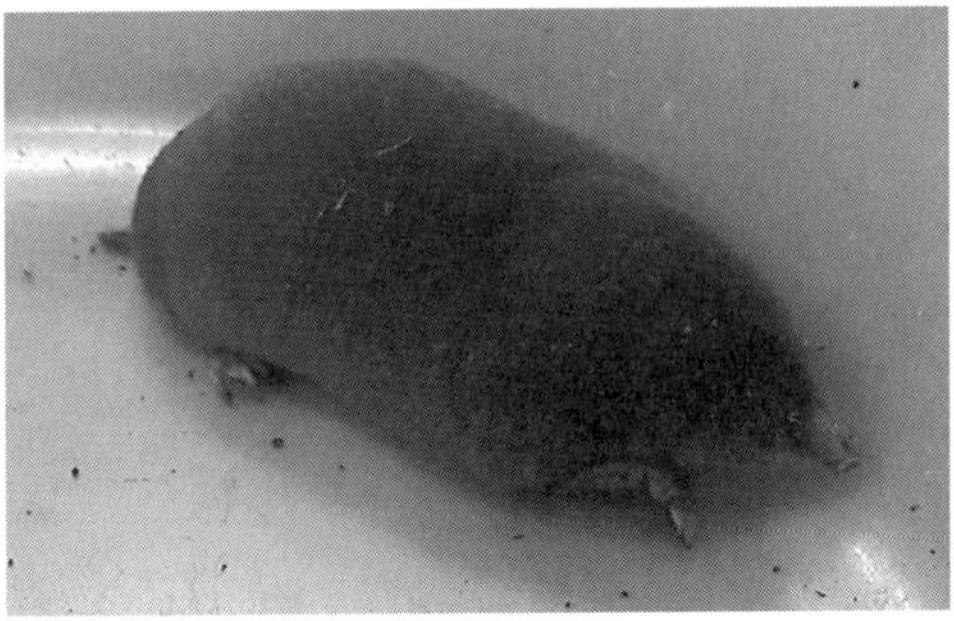

写真１・２　生け捕りしたコウベモグラ.

モグラの捕獲については、元北海道大学教授の阿部 永先生が日本哺乳類学会の和文誌『哺乳類科学』に解説文を書いている（阿部、一九九二）。これを参考にしていろいろとワナの仕掛け方を工夫してみることにした。モグラが作るトンネルには、よく利用される「主道」とあまり利用されない「副道」というものがある。この主道をうまく見つけることがまず重要な点である。主道の特徴として、(一)トンネルがしっかりと作られており、簡単には壁が崩れない、(二)壁が滑らかに塗り固められている、(三)植物の根が壁に沿うように伸びている、(四)まっすぐなトンネルである場合が多い、といったことがあげられる。いろいろな場所にワナを仕掛けてみることで、少しずつモグラの捕獲に成功するようになり、よく利用される主道を経験的に見分けることができるようになってきた。またモグラはこの主道では、崩されたトンネルでも何度も作り直して利用する性質がある。この時モグラは崩れたところを少しずつ土を両前肢でかき崩し、頭で土を持ち上げながら前進していく。ハサミ式のワナはこの性質を利用したもので、トリガー部となる金属の板を持ち上げるとハサミがバネの力で閉じて、モグラを挟み込んでしまうというものである。つまり主道を崩しておいて、ワナの下の土を押し固めておき、その上にトリガーが接するように、そしてトンネルの中間の高さにくるように設置すると効率よくモグラの捕獲ができる。

本格的な調査を開始する

モグラの捕獲技術を習得するのにはじつはそれほど時間はかからなかった。ハサミ式のワナでの捕獲に成功した僕は、すぐにより捕獲効率の良いワナ「モグラ名人」の存在を知ることになる。このワナは古くからイタチの捕獲のために猟師さんが使用していたものを改良したもので、筒型の本体にワイヤーにつながったバネがついているもので、モグラが筒の中に入ってトリガーとなる「押し板」を押せば、バネがはじけてモグラの胴にワイヤーがかかり、動けなくしてしまうというものである。このワナの利点は、頻繁に見回りをすることによって、運が良ければ生きているモグラを捕獲できることである。これを用いて僕は本格的な調査を開始した。

まずは設楽町に生息するコウベモグラの染色体を調べるための実験を始めることにした。染色体を見るためには新鮮な材料が必要であることはすでに述べたが、設楽町の施設は田畑に囲まれた場所であるために、染色体のサンプリングにとても都合がよい。徒歩でモグラを捕獲して、持ち帰ってすぐ実験に供することができた。ここでは少し詳しく染色体とその調査の方法を書いてみたい。

細胞が分裂する時に、核の中で細長い紐状の染色糸と呼ばれるＤＮＡとたんぱく質の複合体が、高次に凝縮して染色体という構造を形成する。染色体の存在意義は、核内にあるＤＮＡのとても長い連なりを、障害なく娘細胞に分配することである。つまり、細長い二本の紐をもつれたり引っかかったりすることなく二つに分離することが、細胞分裂の際に必要になるわけである。たとえて言うならば、スパゲッティとマカロニを想像すればよいだろう。マカロニにはスパゲッティをらせん状に巻いたような形のものがある。大量のスパゲッティから一本引き抜くのには、ほかのものが引っかかって抜けない場合があるが、同じ長さのものがらせん状に巻かれたマカロニならば、容易に一つだけを箸で取り上げることができる。染色糸が引っかかってスパゲッティ状態であれば、麺が切れてしまったりして分裂はうまくいかない。長い紐はある程度まとまった形になることによって、分離が容易になるのである。

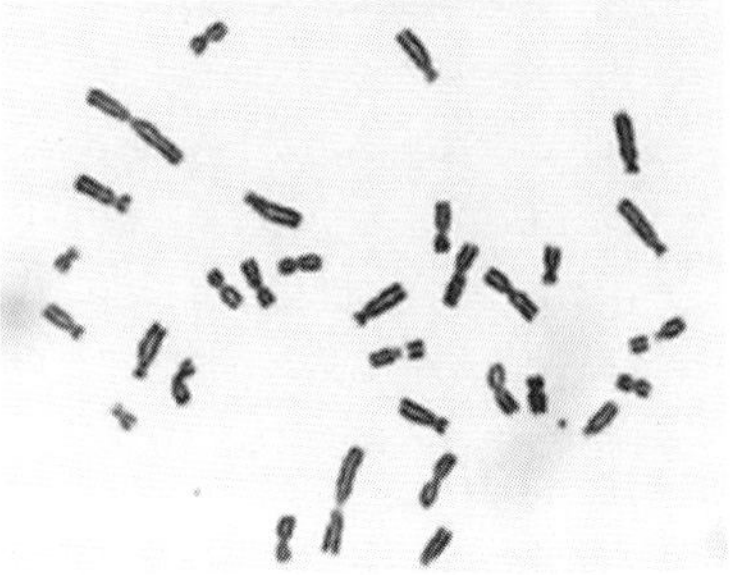
写真1・3　台湾産モグラの染色体像. 顕微鏡下ではこのように散らばって観察される.

染色体を観察するためにはいくつかの方法があるが、いずれも細胞分裂が盛んな組織を用いる。動物であれば生殖細胞（精巣）や骨髄細胞といったもの、植物であれば成長点の細胞がこれにあたる。一九五〇年以前に行われていた方法は細胞を薄片（セクション）にして、染色体を観察する方法である。染色体はその名のとおり塩基性色素に良く染まる物体で、核を連続切片にして染色すれば、顕微鏡下で観察することができる。ところがこの方法では核内で三次元的に存在している染色体を一度に一つの像として観察することはできない。何枚もの像を立体的に再構築する必要があるわけである。別の方法としては「押しつぶし法」というものがある。これは細胞そのものをうまくスライドガラスの上でカバーガラスを用いて、まさに押しつぶし、染色体を染めて観察するというものである。この方法では核の中に三次元的に存在している染色体は、そのまま平面に押しつけられるため、染色体が複雑に絡み合ったような像が得られる。広島焼きと呼ばれるお好み焼きを作る際の、キャベツのようなものである。染色体の数を数える程度の分析であればこれでじゅうぶんだが、さらに高度の分析を行うためには少々不十分といえる。そこで一九五〇年代から哺乳類の染色体研究のために行われている方法が、「空気乾燥法」という技術である。

細胞を低張処理といわれる体内よりも低い塩分濃度の液体にさらす処置を施し、細胞に多くの水分を取り込ませて固定（生命活動を停止させる処理といえる）し、それをスライドガラス上に滴下することによって液体のガラス面への浸透による表面張力で細胞膜を破壊して、ガラス上に染色体を広げるものである。この手法を用いると、じょうずにやれば、各染色体は核の中心から同心円状にきれいに広がり、一つひとつの染色体の形態を良好に観察することができる（写真1・3）。僕が染色体研究を始めたころから用いているのはこの方法で、骨髄細胞などはそのまま処理することができるし、あるいは分裂が頻繁でない細胞も細胞培養技術を併用することによって、美しい染色体像を多数観察することができる。

コウベモグラの染色体を観察する

僕はまず捕獲したコウベモグラの骨髄細胞を大腿骨から抽出して、これを短期培養という一時間弱の培養期間を経て固定してみた。すると染色体は観察でき、染色体数は土屋先生が調べたものと同じ三六本であることがわかった。更なる分析には染色体分染法という、染色体を部分で染め分ける方法を用いる必要がある。しかし骨髄細胞から得られた染色体標本は、この方法を用いるためには質が良いとはいえず、なかなかこの方法を応用するのは難しい。僕は弘前大学の大学院ではヒミズという小型のモグラの組織培養も経験をつんでいたので、これをモグラでも試してみることにした。

組織培養に用いるからだの部位はさまざまであるが、通常哺乳類の染色体観察のためには、肺組織や尾の椎骨《ついこつ》（尾椎《びつい》）を用いる。ヒミズで培養を行っていた頃は尾椎がもっとも良く細胞の増殖を確認できたので、まずはモグラでも尾椎を使ってやってみることにした。すると個々の染色体がひじょうによく広がった像を得ることができた。色々な組織を培養してみて、最終的には皮膚の裏側の組織を培養することによって、かなりの確率で成功することがわかった。これで染色体分染もうまくいくだろう（図１・２）。

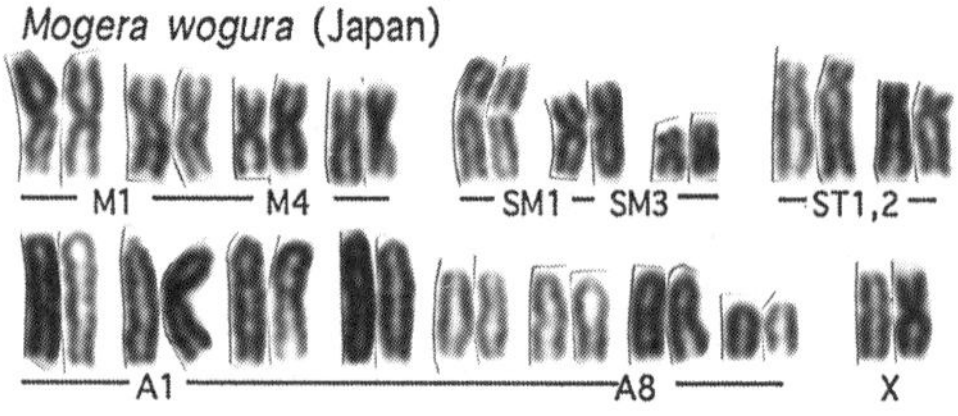

図１・２　コウベモグラの核型.

染色体分染法には各種あり、それぞれに染色体の特定の場所を染め分けることができる。染め分けるとはつまり染色体上に良く染まる（濃染される）部分と、あまり染まらない（淡染される）部分が染色体上にできるということで、この濃淡のようすが帯のように見えるため、「〇〇バンド」と呼ばれる。本書では詳しく解説しないが、おもだったものはＧ-バンド、Ｃ-バンド、ＮＯＲバンドといったものがある。

きれいな染色体像を得た僕は早速Ｇ-バンドという、プレパラートを高温の塩類溶液で処理して得られるバンドから始めて、アルカリ処理を行うＣ-バンド、硝酸銀で染色するＮＯＲ-バンドといった順に分析を進めていった。コウベモグラの分析結果がまとまり始めて、さて、そろそろ比較となる種を調べる必要がでてきた。次のモグラの捕獲に出かけようか。

アズマモグラへの挑戦

写真1・4　アズマモグラの生け捕り個体.

設楽町は標高千メートルほどの山に囲まれており、地形の高低差が大きい。そしてその山中には、なんと別の種の小型モグラが分布している。そのモグラはアズマモグラ（*Mogera imaizumii*）（写真1・4）といい、通常本州の東部に分布している。この種はコウベモグラと競争関係によって本州の東部へ、その分布が追いやられてきたといわれるが、コウベモグラの分布域にあたる西本州でも、山地にはパッチ状に孤立個体群が遺されている。愛知県でのアズマモグラの分布については、僕が調べ始めるまではあまりよくわかっていなかった。設楽町ではできるだけ標高の高い場所でこのモグラを探していたが、後には実習施設付近のゴルフ場でもこのモグラが分布していることがわかってきた。そのほか犬山市や足助町（現豊田市）といった各地でも記録され、県内の山地にはふつうに分布していることが明らかになった。

アズマモグラとコウベモグラが山地と平地で棲み分けていることは、ゴルフ場での調査によって明確にできた。図1・3は一九九八年〜二〇〇〇年にかけて設楽町名倉地区内の名倉カントリークラブで、職員の姫田　始

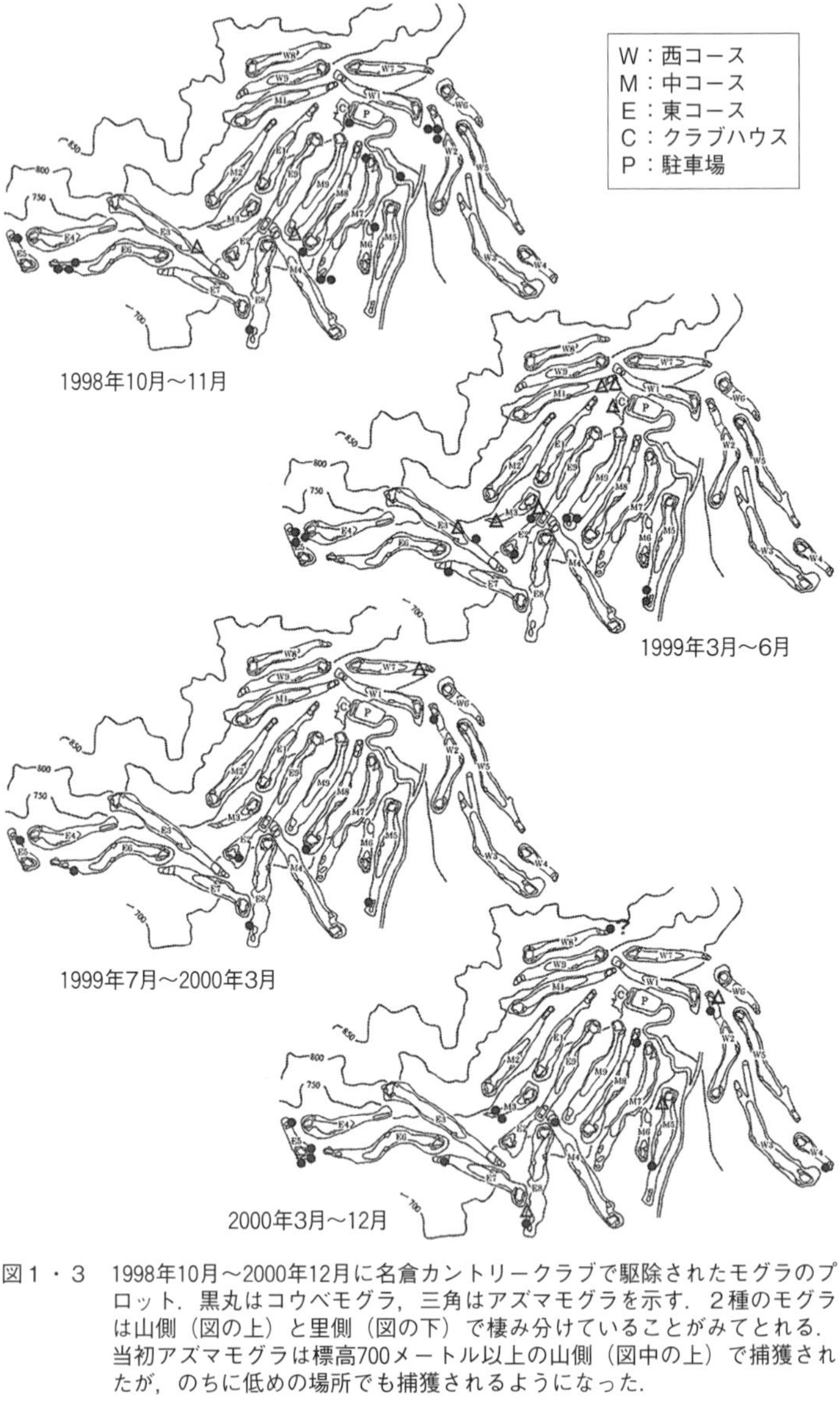

図１・３　1998年10月～2000年12月に名倉カントリークラブで駆除されたモグラのプロット．黒丸はコウベモグラ，三角はアズマモグラを示す．２種のモグラは山側（図の上）と里側（図の下）で棲み分けていることがみてとれる．当初アズマモグラは標高700メートル以上の山側（図中の上）で捕獲されたが，のちに低めの場所でも捕獲されるようになった．

さんとともにモグラの捕獲を行った結果だが、名倉の市街地に近い南東部ではコウベモグラが、山側ではアズマモグラがだいたい標高七〇〇メートル付近で境界線をもちながら分布していた。

コラム　ゴルフ場のモグラ

この調査に協力してくださった姫田さんには、最初名倉の皆さんと宴会の席で出会った。彼はゴルフコースでたくさんのモグラ塚を作るモグラをなんとか駆除したいと考えており、僕に相談してきた。僕は彼の案内でモグラの捕獲を開始し、ワナの仕掛け方を教えていったのだが、そのうち彼自身がみごとにモグラの捕獲技術を身につけていった。彼が捕獲したモグラは、そのつど僕のところに届けられるようになって、二種の分布状況を明らかにできたのである。ある日彼が持ってきたコウベモグラは全身が白色の毛色をもつアルビノ個体で、貴重な標本となった（写真）。この標本のおかげで、後（第四章）で書くような中国での調査も実現可能となったので、本当に感謝している。姫田さんは二〇〇九年の三月末日に残念ながら亡くなってしまわれた。設楽で僕が研究生活を始めてからこれまで、遊びから研究への支援まで助けてくれた方で、僕の恩人と言える方だった。

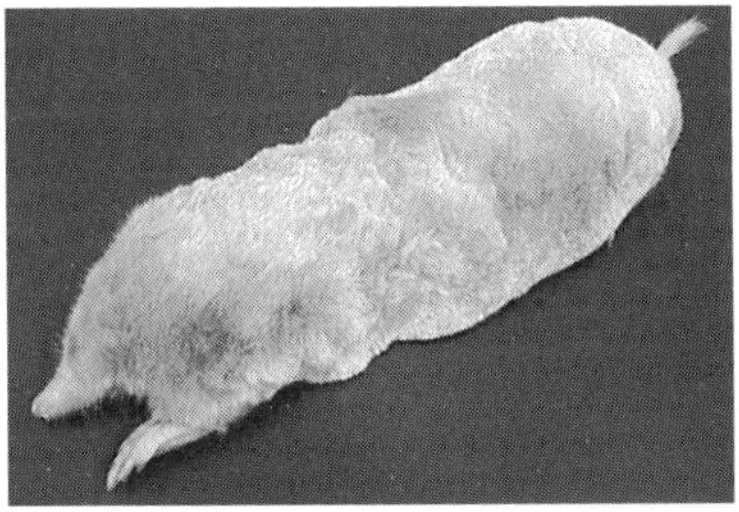
写真　アルビノのコウベモグラ（姫田 始氏捕獲）.

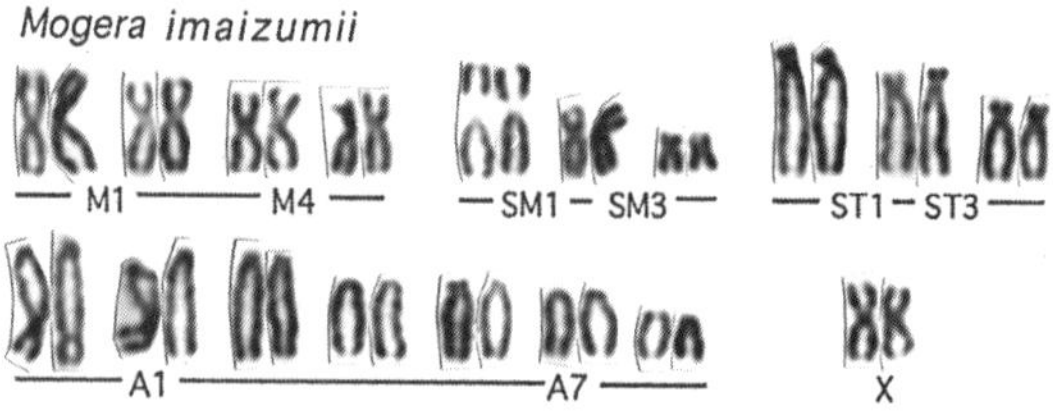

図1・4　アズマモグラの核型.

さて話がそれたが、設楽町の山地に生息するアズマモグラはひじょうに小型で、頭骨全長が三〇～三三ミリメートル程度しかない。これは関東の平野部で得られるもの（頭骨全長三四～三七ミリメートル）とは同種とは思えないほどの違いである。事実かつては山地のアズマモグラは「コモグラ」という別名で呼ばれることがあった。しかし北海道大学農学部教授であった阿部 永先生によるとその大きさの違いは山地という場所に棲むことによって小型化したものだという。モグラは地下生活というトンネル生活に適応しているため、土壌の硬さによる影響がその変異に反映される。考えてみると、大きなモグラはそれだけ大きなトンネルを作る必要があり、山地のように木の根や石が多い土質と沖積平野の柔らかい土質では掘りやすさがぜんぜん違う。モグラにとっては大きいほど種内や種間の競争に強く有利な形質であろうが、そこには土壌硬度という制約があるのである。

理論的にはそれでアズマモグラの大きさの変異は説明がつくが、論より証拠、僕はアズマモグラを愛知県の山地や紀伊半島、四国の剣山《つるぎさん》、新潟県の粟島《あわしま》、関東の平野部とさまざまな場所で捕獲し、核型を比較してみた。ところがやはりアズマモグラの地域間での染色体変異はまったく見つけることができなかった。

アズマモグラの染色体数はコウベモグラと同じ三六本だったが、染色体の構成が少々違っていた（図1・4）。すなわち、コウベモグラではアクロセントリックと呼ばれるVをさかさまにした形の染色体が八対あるのに対して、アズマモグラでは七対であった。さて、じつはここまではすでに土屋先生によって調べられていたのだが、問題はこれら二種の違いがどのようにしてできてきたのかということである。そこでG-バンドという染色体分染法の出番である。

G-バンド比較分析を試みる

染色体の構造は全長に対して遺伝子が均一に巻かれているわけではなく、部分的に凝縮の程度が強かったり弱かったりというふうにしてできていて、それらの染色体上での位置は決まっている。この染色体に六〇度位に保温した塩類溶液やタンパク分解酵素で処理をすると、染色体の構造が部分的に壊されるため、染色した際にこの凝縮の程度がはっきりと可視化されるようになる。これがG-バンド法である。この方法で染色すると、たとえ染色体の形が種間で変化していても、各染色体同士で濃淡のパターン（バンドパターン）の相同性を比較することによって、何番目の染色体がどのような構造変化を受けたのかを知ることができる。

アズマモグラとコウベモグラの場合では、三六本、つまり一八対の染色体のうち一七対は完全にG-バンドパターンが一致していた。ところが一対の染色体では挟動原体逆位という、染色体の一部が逆転する変化が起こっていることがわかった。

日本のモグラを調べつくせ

新潟県に固有のモグラを求めて

日本のモグラのうち二種は、なんと新潟県にしかいない固有種である。これはサドモグラ（*Mogera tokudae*）とエチゴモグラ（*Mogera etigo*）という種である（写真1・5）。サドモグラは名前のとおり佐渡島にしかいない。一方でエチゴモグラはやはりその名のとおり越後平野と、見附市の山の谷間にある水田地帯に孤立個体群が分布している。なぜこのような独特の分布をもっているのかはまだ良くわかっていない。しかも形態的に明瞭に識別できる特徴が少ないため、僕が研究を始めた頃は同種として扱われていたという、謎の多いモグラたちである。

モグラの捕獲が比較的うまくできるようになった一九九八年の五月に、僕は愛車のスズキ・エブリイを走らせて、はるばる愛知県から新潟の佐渡島へ渡った。新潟大学の佐渡島演習林にいる箕口秀夫先生が織田先生の知り合いで、「佐渡で哺乳類の捕獲をするのならぜひいらっしゃい」と誘ってくださったのである。佐渡島は車でドライブするのにはなかなかの好所だ。幸いにも全日程を好天に恵まれ、フェリーで佐渡島に渡った僕は楽しくドライブしながら、また途中の水田で一休みしながら、めあてのサドモグラがいる環境を吟味しつつ、佐渡島の北岸にある相川町へ向かった。

事前に調べてみたところ、サドモグラは特殊な環境に棲む珍しいモグラというわけではないらしい。佐渡島には広く水田が広がり、モグラの生息には良好な印象をもった。本来モグラは森林性の動物だったはずなのに、なぜこういった人為的環境にも棲めるようになったのだろうか。設楽町のコウベモグラと同様に佐渡島の水田にも多数のモグラのトンネルが見られた。

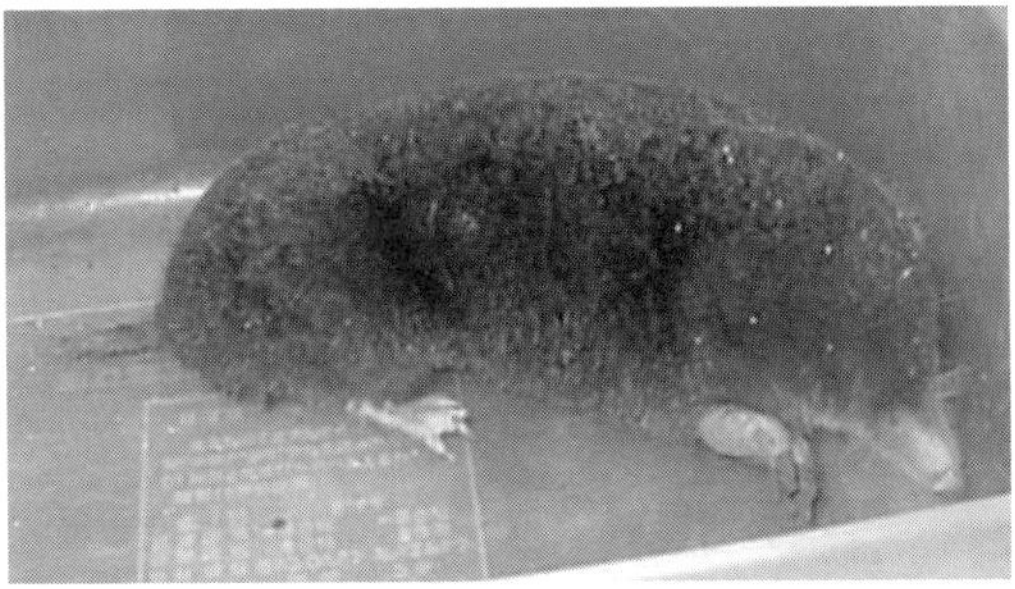

写真1・5　エチゴモグラの生け捕り個体.

モグラの捕獲は簡単であると僕は思う。これはモグラ研究を始めたころに、阿部先生ほか多くのモグラ研究の先輩方に言われたことであるが、モグラという生き物は「そこにいる」という明らかな痕跡を残す。トンネルやモグラ塚がそれである。日本に生息する小哺乳類でこれほど明らかにトンネル網を形成し、そこで生活できる生き物はモグラしかいない。トンネルや土を持ち上げたモグラ塚があれば、必ずモグラはそこにいる。いる場所がわかれば後は根気と技の問題で、モグラは簡単に捕まえることができるのだ。

しかもモグラは一日に三回の周期で活動するといわれている。すなわち捕えるチャンスは一日に三回あるわけだ。一度ワナかけに失敗したとしても次に捕えるチャンスは数時間後にまたある。モグラの捕獲は短期勝負にもむいているといえるだろう。

佐渡島に生息するモグラの種はサドモグラだけである。それで僕は「これならば簡単にサドモグラを捕獲できるだろう」と三日ばかりの予定で組んだ今回の調査に、早くも良い成績が得られることを確信した。

モグラ研究仲間との出会い

新潟大学佐渡島演習林（写真1・6）に着いた僕は早速モグラ探しを始めた。演習林内にも水田はあったので、そこでモグラのトンネルを見つけて、トラッピングの場所もだいたい決めることができた。いい感じである。

演習林の箕口先生が僕に「せっかくだから新潟大でモグラの研究をしている橋本琢磨君を誘ったら、来るといっていた」と伝えてくれた。橋本さんとは面識がなかったが、僕は彼の話を一九九七年に広島県比《ひ》和町《わちょう》で行われたモグラサミットで聞いていた。越後平野を中心にモグラの生態調査を行っているという強者との対面に緊張したが、それよりもはじめての遠隔地での調査にドキドキしていたのを覚えている。

僕は正直言ってこの頃まで、あまり外部の研究者を頼って調査を進めたり、共同研究をやったりという経験がなかった。修士課程までを修了した弘前大学では、都市部の大学と違って外部との交流が少なかった。今ではインターネットやeメールでいろいろな人との交流はやりやすくなったが、僕が修士課程の頃は違っていた。コンピューターの進歩を実感できるような学生時代であったと思う。ちなみに修士論文のグラフなどの図はすべてグラフ用紙に数ミリの線をペンで引いてx軸・y軸とし、そこにカセットテープ（これがすでに死語になりそうだが）の背に文字を入れるレタリングで記号を入れて、という作業であった。また発表用のスライドなども図をフィルムカメラで接写して、ネガを現像しそれをスライドに反転するという作業を行っていた。もちろん白黒である。今思うとこういった作業をやったのも自分くらいが最

写真1・6　新潟大学の佐渡演習林.

後の世代なのだろうな、と感じる。

そんな僕が名古屋という都市の大学に来て、人づてに先生を紹介してもらって実現した調査である。「ここで僕が何かへまをやらかしたら、先生の顔に傷がつく」といった気合のいれようであった。失礼がないようにと、丁寧な心持で対応していたが、ところがどうやら相手はそんなことは気にしないよ、といった感じだった。これは哺乳類学会というわれわれ哺乳類研究者が一番の拠点としている学会に参加した時にも感じたことだが、哺乳類学者というものは何しろフランクである。はじめて会話する橋本さんもすぐにお友達になることができた。

ワナを仕掛け始めた五月七日の昼すぎから、すぐにサドモグラは捕獲された。僕はハサミ式ワナとモグラ名人を使って、三個体のサドモグラを捕獲できた。一方で新潟大学のモグラ研究者橋本さんは四個体と僕より多くモグラを捕まえていた。これは悔しかったが、彼はすでに数年間越後平野でモグラの捕獲を行っている。これは年季の違いと自分を慰めながら、はじめての遠征調査を終えた。

大急ぎで設楽へ戻る

さてところが実験が始まるのはここからである。捕獲したモグラからは、染色体調査用の皮膚や尾椎のサンプルを培養液につけて保管しておいた。これを大急ぎで設楽町の実習施設に持ち帰って培養を開始しなくてはならない。新潟港に着くと、すぐに車を走らせ、愛知県をめざしたのであった。

染色体の研究には新鮮な材料が必要である、と書いたが、さすがにいついかなる時も新鮮な材料を培養に持ち込むことはできない。とくに海外調査でフィールドに入ると、電気も使えないというのはふつうのことだろう。そこでサンプルを一時保存して、研究室に持ち帰る方法がある。培養には培養液という、生理食塩水に栄養素が入ったような液体を用いるのであるが、これを小瓶に入れてフィールドで持ち歩くのである。そして材料が採集できたら、できるだけ直ちに組織のサンプルをこの分注しておいた培養液に入れて保管する。この時に外部からカビなどが入ってしまうと、あっという間にカビが培養液の中に繁殖してしまい、サンプルが使い物にならなくなってしまう。そこでサンプルを採取するときには、手をしっかりと七〇パーセントエタノールで滅菌して、ハサミやピンセットもアルコールをつけて一度火をつけて滅菌するなど工夫する必要がある。僕の経験では、サンプルは一度完全にアルコールにさらしても大丈夫である。ピンセットにしずくが落ちるほどアルコールをつけて、サンプルを培養液に運ぶようにしている。

こういった作業が必要になるのも、モグラを生きたまま捕獲するのがこの頃の僕には難しかったことがある。そして、仮に生きた個体が捕獲できても、そのまま研究室に持ち帰るのは困難であった。モグラは餌がなくなるとじきに死んでしまうので、生かせておくのはちょっと難しい。そこで、捕獲したモグラからサンプルをとっておいたのである。ところがまだこのスタイルでの研究が未熟だった僕は、サンプルを採取するのにも失敗してしまった。設楽町に帰った頃には、サンプル瓶の中の培養液は黄色くなっており、透明度もにごっている感じだった。どうやらカビが混入してしまったらしい。こうしてはじめてのモグラ採集行は、サドモグラの捕獲には成功したが、サンプルを適切に採取して、実験をうまく成り立たせるところまではできなかった。もっと修行が必要なようだ。

写真1・7　公会堂の軒下で雨をしのぐ.

二度目に佐渡島に行ったのはそれからしばらくしてからのことだった。前回は佐渡島の北で調査したので、南側の個体も捕獲してやろうと思い、今回は車を港に置いて、バックパックに寝袋、炊事の道具などを一式つめてフェリーで直江津港から小木港に向かった。港から重い荷物を背負って町の外れまで歩き、農地の周辺でモグラの痕跡を探したところ、うまく見つけることができ、僕は公会堂のような建物の軒に荷物を降ろしてここで野宿することにした。あいにくの雨でどこででも寝られるというものではない。かろうじて屋根がかぶさって雨をしのげるという程度の場所だった。(写真1・7)

見つけておいたトンネルにワナを仕掛けていったところ、夕方にはサドモグラが一個体捕獲できた。しかも生きている。これは具合が良いと、近くの雑貨屋で大きめのタッパーを購入して、それに入れて生かしておくことにした。こうなると早めにある程度の数を捕まえて帰らないと、モグラに死なれてしまったら元も子もない。翌朝まで一晩中トラップの見回りやかけなおしを行いながら、なんとか二個体のサドモグラを捕獲した。せっかくの佐渡島渡航を楽しむこともなく、モグラが捕れたことに満足して島を後にすることにした。

港で車に乗ると、今回も設楽町をめざして必死のドライブである。約六時間のドライブで設楽に戻り、培養を開始する。今回は生きているサドモグラが捕獲できたので、骨髄細胞も分析することに成功した。これでサドモグラの調査は一段落だ。

越後平野のサドモグラは何モノ?

時間は前後するのだが、サドモグラの調査の合間に僕は越後平野の西端にある巻町を何度か訪問していた。ここに生息するという、かつてエチゴモグラと名づけられたモグラを捕獲するためである。これまで佐渡島のモグラに関しては染色体の報告があるが、越後平野の個体群については未発表であった。越後平野のモグラはサドモグラの単なる地理的変異にすぎないのか、知る手がかりになるかもしれないと考えてモグラの捕獲を行っていた。

巻町で捕獲されたモグラを調べてみたところ、なんと佐渡島のものとは染色体の形に違いが見られることがわかってきた。僕は越後平野のモグラすべてに共通する特徴であるのかを確認するために、二〇〇〇年四月一八日に、今度は越後平野の東側に位置する京ヶ瀬村《きょうがせ》（現　阿賀野市《あがの》）へ行くことにした。再び長距離の移動ということで、日中の渋滞を避けるために前日の夜設楽町を出発し国道を走り続け、新潟県に入る頃にちょうど日が昇り始めた。現地到着が朝九時ごろで、早速捕獲に良い場所を探し始めた。国道四六〇号線を走って阿賀野川を渡った付近で、どうやら好適な場所を見つけてワナを仕掛けていく。そして昼すぎに最初の一個体が捕獲できた。僕は喜んで人目のつかない畑の脇に小さなテーブルを出し、その上で解剖を開始し、標本作製からサンプリングまでを完了した。

そしてすぐにまたワナの見回りを始めると、なんと四箇所のワナで四個体のモグラが捕獲できていた。まさに大猟である。そのうち二個体はすでに死亡していたため、迅速に個体の処理を終え、残りの二個体はバケツの中で生かしたまま持ち帰ることにした。こうなると死なせないためにも時間との勝負である。滞在時間わずか七時間ほどで、来た道を車で引き返し設楽町をめざすという強行軍である。なんとか事故もなく帰還することができたが、疲れる旅となった。おかげでじゅうぶんな個体数を調べることもでき、いよいよ日本のモグラ類の染色体研究がまとまりつつあった。その研究成果というのはどういうことかを最後に書いてみよう。

日本産モグラ類の核型比較

僕の現在の専門はモグラの分類学である。日本に八種のモグラ科がいるということを書いてきたが、じつはこれは最近になってわかったことで、僕が日本のモグラを調査していた頃はといえば、モグラ科は七種に分類されていた。分類とは、新しい研究成果が発表されることによって変化しうるものである。それまで同種として認められていたものが、じつは別種であったとか、逆に別の種であったものが同種であった、ということは分類学者にとっては日常茶飯事である。この頃の僕はそれほど分類学に染まっていたわけではなかったかもしれないが、僕が少しずつ分類学者になっていくようすは、この本を通じて見ていただけるであろう。まずはやれることからということで、自分の技を活かし、染色体の調査を進めていた。

僕は採集したモグラについてすべて染色体を調べていった。土屋先生が調査して以来のモグラの染色体比較である。土屋先生の論文によると、日本のモグラ類はすべて染色体数が三六本である（土屋、一九八八）。そしてこれは僕の調査でも同様であった。そして種ごとに染色体の形に変化があることが知られていた。図1・5にこのようすを示したが、違いというのはアクロセントリック染色体という動原体（染色体の紡錘糸付着点）が末端にあるタイプの染色体の数についてである。すでに書いたようにコウベモグラではこの染色体が八対存在するのに対して、アズマモグラでは七対なのだが、サドモグラでは四対となっている。また韓国のコウベモグラとされていた種では五対である。僕がこれを調べなおしたところ、おおむね結果は一致したが、ただ一つ越後平野のサドモグラではアズマモグラと同じ七対のアクロセントリック染色体をもっていた。

G-バンド処理を行ったところ、この違いはコウベモグラとアズマモグラで見られたように、すべて挟動原体逆位という変化が起こったことによって、アクロセントリックのものがサブテロセントリックという末端から少し内側の位置に動原体があるタイプに変化していることがわかった。つまり越後平野のモグラから佐渡島のサドモグラに変化するときに三回の染色体構造変化が起こっているのだ。染色体の変化というのは時に重要な役割をする。形が変わることによって、異なる染色体構成をもつ親の間で交配はできても、その子孫の繁殖能力が低下することがあるのだ。僕はこのような変化が三回も起こっているということは、佐渡島と越後平野のモグラは別の種である可能性があると考えた。越後平野のモグラは国立科学博物館の吉行瑞子先生と今泉吉典先生という現在の僕の大先輩にあたる先生方によって、エチゴモグラという名前で新種記載されたことがある（Yoshiyuki and Imaizumi, 1991）。ところがその後の形態研究ではエチゴモグラはサドモグラと同種であるとされてきた（Abe, 1995）。僕の染色体研究がエチゴモグラという種の妥当性に一つの光を投げたわけである。

同様のことは韓国産のモグラにもいえる。韓国産のモグラはトーマス（Thomas）によってチョウセンモグラ（*Mogera coreana*）と記載されたが、最近では日本のコウベモグラと同種とする意見が強かった。ところが染色体で見ると、やはり複雑な構造変化によって変わってしまっている。エチゴモグラの例を含むこれらが種の違いを反映するものかどうかはより深い吟味が必要なのだが、とりあえずこれらのモグラは染色体的には独立したグループであるといえるであろう。また興味深いのは、コウベモグラとアズマモ

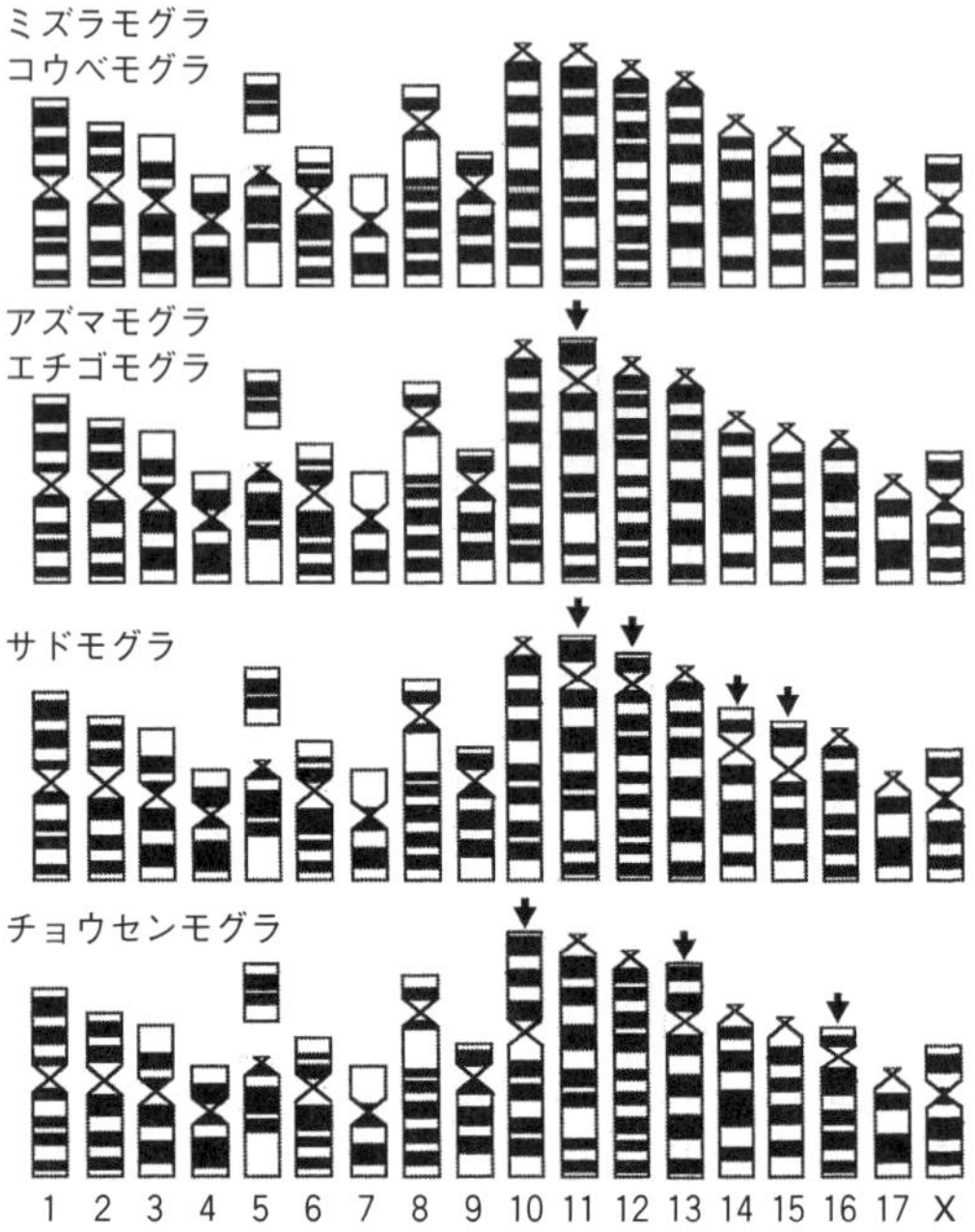

図1・5　日本産および韓国産モグラ類のG-バンド模式図.

グラの間に観察された一つの染色体での違いは、韓国のモグラには見られなかった。これは韓国のモグラの核型がコウベモグラのものからアズマモグラの系統とは別に生じてきたことを意味している。一方でサドモグラにはこの染色体の変化が保存されている。つまりサドモグラの核型は、コウベモグラの核型からアズマモグラやエチゴモグラを経てできあがったものであると解釈できる。

僕はこれらの結果を論文としてまとめ、公表することができた（Kawada *et al.*, 2001）。僕の本格的なモグラに関する仕事としては最初の成果となった。現在では僕の染色体研究の成果が認められたのか、エチゴモグラの独立種としての位置づけは図鑑などにも採用されており、またコウベモグラも日本の固有種として考えられるようになった。日本には八種のモグラ科食虫類が生息していて、すべての種が固有種として認められるにいたったのだ。

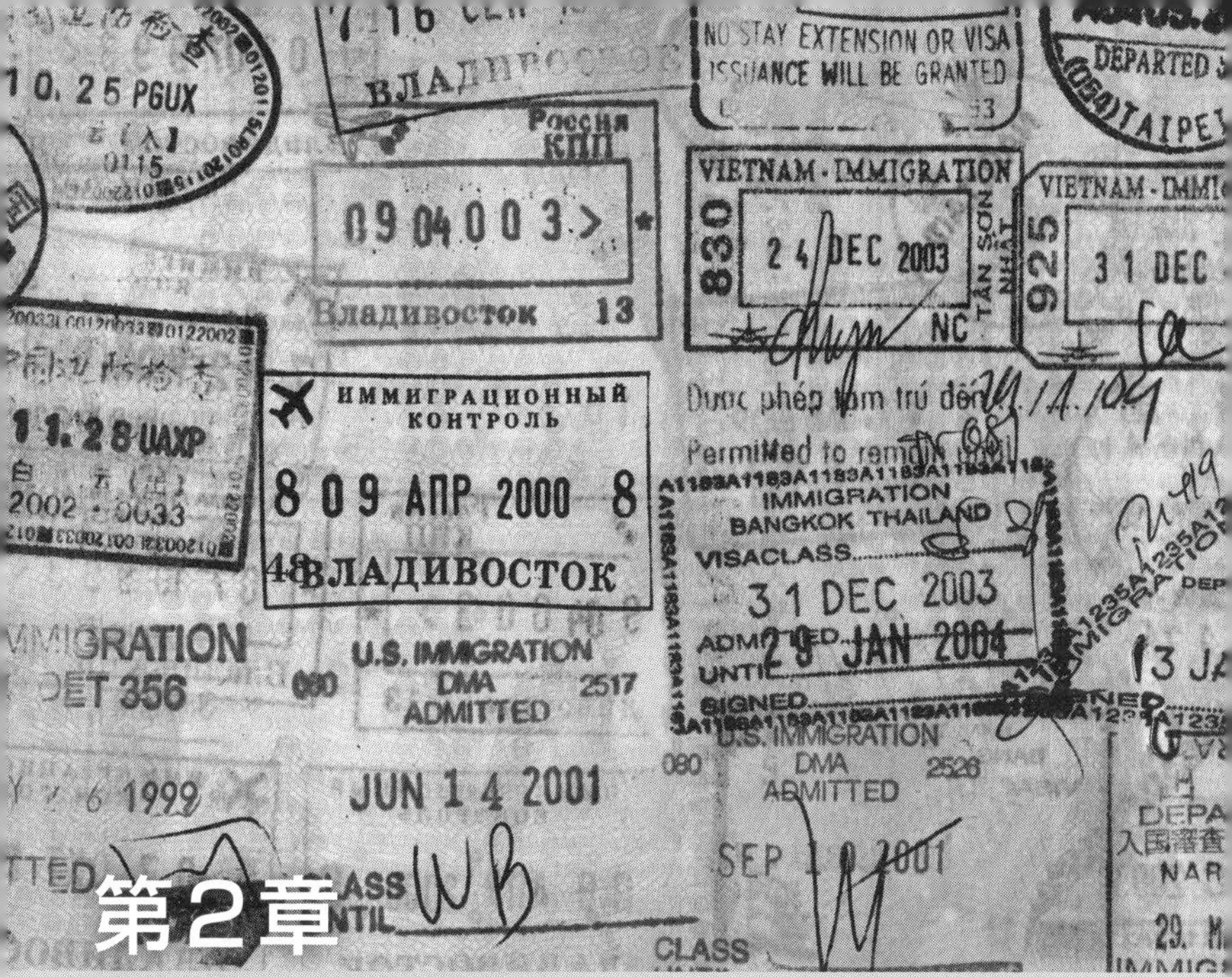

第2章
ロシアでの「クロット（モグラ）」研究
染色体研究から形態学へ

ことの発端

僕が修士課程まで在学したのは弘前大学だった。ここで僕は哺乳類の染色体研究で著名な小原良孝先生の下で、ネズミやヒミズの染色体を研究していた。染色体研究のおもしろさというのは、その染色体の形にもあるが、その生き物を捕まえるという作業から始まる点がある。これはすでに書いたように、染色体の研究には新鮮な材料が必要だからである。

染色体の研究にどっぷりと漬っていたために、僕の研究の方向性はそちらのみに突き進んでいた。ところがしだいに研究テーマ自体に新しい着想を得て、現在の博物館での仕事につながる経験をするようになっていく。この章では僕にそんな体験を与えてくれたロシアでの研究、そして生活などについての体験談を書いていきたい。

僕がロシアへ行くきっかけになったのは、織田銑一先生が、かつてロシア科学アカデミー・シベリア支部・細胞学遺伝学研究所との共同研究を行っており、ロシア側から留学生を招いていたことにある。一九九八年の秋ごろ、織田先生から僕に「一年くらいロシアに行かないか」、という話があった。当時の僕は海外へ出た経験がまったくなく、そんな学生がロシアで一年間をすごすなんてできるのだろうかと不安を感じた。そんな僕がロシア行きを決めたのは、ロシア科学アカデミー・シベリア支部が所在するノボシビルスク市（図2・1）に、アルタイモグラ（*Talpa altaica*）というモグラが分布しているからであった。アルタイモグラの染色体数は三四本であることが一九七二年の論文から知られていた。ところがこの種と

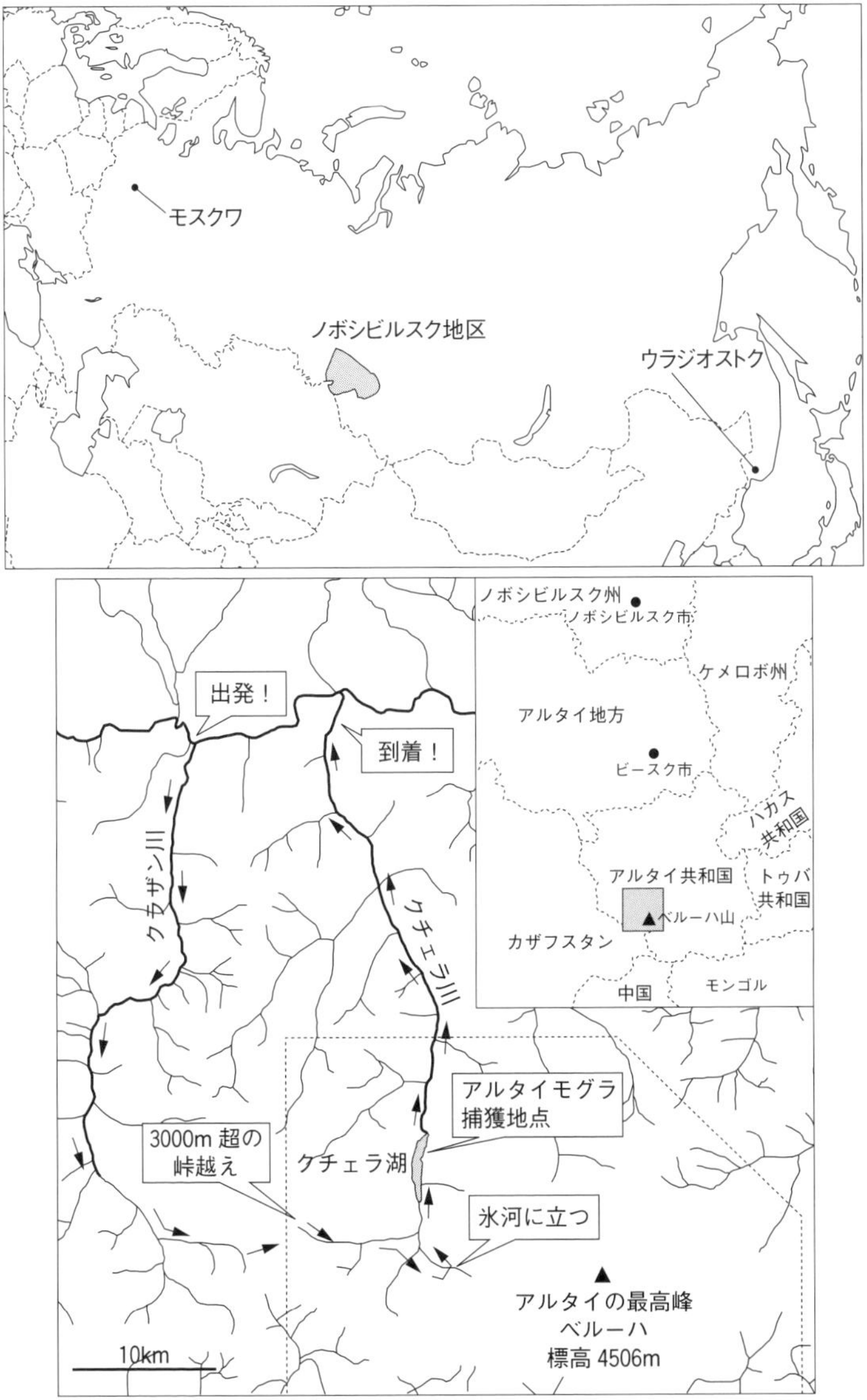

図２・１　ロシアでの調査地.

他のモグラ類との詳細な類縁関係は、染色体レベルで調べられてはいなかった。そこで、一つ研究テーマとしてやってみたいと思ったのである。僕は一九九九年の七月～二〇〇〇年の四月までロシアに滞在することとなった。

ロシアに行くために何をするのか？

僕のロシア滞在が決定的となり、予算が配分されたのは一九九九年の四月のことだった。さて、本当に行くことになってしまったな、と困った僕がまず始めたのはロシア語の勉強だった。もちろん僕はこの頃までロシアのキリル文字を読むことも、文字の数がいくつあるのかすら知らなかった。教養部のロシア語会話の授業（しかもいきなり上級）にもぐりこみの受講をし、みんながスラスラと回答する質問に僕だけがまったく反応できずに黙り込んでいた。先生には、なぜこの授業にいるのか、と聞かれ、じつは急にロシアに留学することになりました、と返答した。するとそれからクラスのみんなもとても心配してくれたのか、僕のペースを理解しながら授業を進めてくれることもあった。まったくとても迷惑をかけたものだと思う。

そしてすでに書いたように僕には海外経験が皆無だった。誰しもそういう時期があって海外デビューするのだろうが、僕の場合はロシア、しかもいきなり約一年の滞在である。さすがに自分自身もそれほど楽天的に構えることができず、アメリカのテネシー州にいるモグラ研究者で、僕がサンプルを提供したことがある方に連絡して、一度テネシーのモグラを捕りたいという話をしてみた。すると、彼の回答はありがたいことに、もし来るのなら一緒にアメリカのモグラを捕まえようとのことで、この話は次章に譲るが、ロシア行きの約一ヵ月前、海外滞在の練習的なアメリカ旅行をはたすことできた。しかしながら僕の英会話力はそれほど向上するというわけでもなく、根性をすえる程度の国外進出だったのかもしれない。

いよいよロシア出発の時がやってきた。七月二日、僕が乗る富山発ウラジオストク行きの飛行機は、なんと二〇人が乗れる程度の小型のもので、機体の後部がガチャリと開いて階段になるようなものだった。しかもおもしろいことにこの飛行機にはテーブルを挟んだ四人席があるというもので、じつにユニークであった。ウラジオストク航空万歳！

ノボシビルスクへはウラジオストクで飛行機を乗り継いでの旅である。数時間の待ち合わせの後、次の大型機へ乗り継いだ。さすがにここまでくると日本人はいない。すでに心はロシア気分で、巻き舌の会話を横耳に、僕はロシアの地での不安をよそに眠りに落ちていった。

ノボシビルスクの町

ノボシビルスクはかつてシベリア鉄道を建設する際に、難所の一つとされた大河、オビ河に橋を渡すために開かれた都市といわれる。まさにシベリアのど真ん中ともいえる場所で、西のモスクワと東のウラジオストクのちょうど中間地点に位置している。ロシア国内では第四とか第五の都市といわれるが、モスクワ・サンクトペテルブルグ・ウラジオストクと来て、その後に同程度の町がずらりとお目見えするのだそうだ。同着四位辺りの町というところか。

写真２・１　動物細胞遺伝学研究室のメンバー．中央がグラフ博士．

ノボシビルスクの空港にはこれからお世話になる動物細胞遺伝学研究室のアレクサンダー・グラフォダスキー博士（以降、グラフ博士）が出迎えてくれた。グラフ博士はひげ面のいかにもロシア人という方である（写真２・１）。森の奥深くで、きこりでもやっているようないでたちだ。彼につれられて空港からアカデモゴロドクという研究都市まで車で移動した。アカデモゴロドクはノボシビルスク市からは約二〇キロメートルほど離れた場所にある、大学やさまざまな研究機関が集まる町である。僕が所属することになる、ロシア科学アカデミー・シベリア支部・細胞学遺伝学研究所もこの町にあり、僕がくらすことになるのもこの町である。

アカデモゴロドクはさほど開けた場所ではない。たくさんの研究所や集合住宅が白樺林を切り開いてたっているような場所だった。ロシアの人は持ち家をもっている人はとても少なく、家族で集合住宅に暮らす人が多いようだ。またロシア科学アカデミーは国の研究機関であるが、研究者の給料はそれほど良いものではないらしく、車をもっている人もとても少ない。研究費もやはり少ないようだった。ある時とあるロシア人研究者に「車はもっていないのか？」と聞いたところ、「研究者は車なんてもたないもんなんだよ」と返答された。研究者のプライドみたいなものらしい。

ロシアといえば物資が不足しているという印象があったが、僕が渡露した一九九九年頃にはかなり改善されており、必要なものはだいたいスーパーマーケットやキオスクと呼ばれる売店で手に入った。後に研究室の学生に聞いたところ、一〇年ほど前は物不足の絶頂だったようで、パン屋に買い物に行く時は必ず本を一冊持って行ったものだという。パン屋の行列に並びながら、本を読んでいたのだそうだ。

ロシア生活の始まり

研究室に案内されてグラフ博士から僕をメンバーに紹介していただき、世話役にと一人の大学院生を紹介された。彼はボロージャという愛称の青年で、僕より少し若い。ところが英会話の能力はたいしたものである。英語が話せるのは学生だけで、あとのメンバーはロシア語だけだった。グラフ博士はもちろん英語を話せるが、おっくうなのかだいたいロシア語で話している。近年ロシアでは若者の英語教育がとても盛んなのだということで、学生の英語力は高い。先生から学生にロシア語で用件を伝え、それが僕に英語で伝えられる。英語が話せる学生を通訳代わりに、新しい研究室での活動が始まった。

コラム　ロシアでの食生活

ボロージャは僕を昼食に連れて行ってくれた。ロシアで食べる最初の料理だった。どんなものを普段ロシア人が食べているのかという知識もなく、ボロージャのお勧めをお願いして出てきたのはおかゆのような料理だった。何だろうと思い二口ほど食べたところで、口の中がしびれてくる感覚に襲われた。「これはもしかして……」と思い、ボロージャに訊ねたところ、〝グリャーチカ〟という穀物で、英語ではなんと言うかわからないとの回答だった。持ち歩いていた和露辞典で思いあたる日本語の単語を調べたところ、やはりあれだった、グリャーチカとはソバである。そして僕はソバアレルギーである。日本ではソバは実をすりつぶして麺にしたものを食べるが、ロシアではソバの実を煮ておかゆ状にしたものが伝統的な食べ方だ。日本でもソバの実は五穀米などに入っている場合があるので形は知っていたが、まさかソバの実だけを食べる習慣があるとは思わなかった。ちなみにロシアではさまざまな穀物をおかゆにして食べる。米や豆はまだ高級な方で、時には粟のような雑穀まで湯がいて食べるのだ。ソバのおかゆがあるのもうなづける。

　ボロージャに僕がソバアレルギーであることを教え、また日本ではソバをヌードルにして食べるのだ、と話すと彼はとても興味深そうな顔をしていた。研究室での昼食は持ち回りでメンバーが準備するのだが、毎食なんらかの穀物のおかゆがだされ、仮にその日のメニューがソバがゆの時には、僕にだけ特別に別のものが用意されるということになった。

アルタイ紀行

僕は研究室に所属するようになってからすぐにモグラという研究材料の捕獲を始めたのだが、その話は少し置いておく。ロシアに来て一〇日ほどで僕はアルタイ山脈へトレッキングに行くことになり、研究はお預けになったのだ。

僕をアルタイへ誘ったのは、後にお世話になるシベリア動物学博物館の哺乳類キュレーターのエレーナ・ジョルネロフスカヤ博士であった。彼女は名古屋大学で僕がたびたびお世話になった愛知学院大学歯学部の子安和弘先生の知人で、ロシアでの僕の滞在中に博物館でも仕事をするよう僕に勧めていた。そして彼女の娘スヴェタは僕が所属していたのと同じ研究所の大学院生で、彼女の友人グループが二週間ほどアルタイ山脈にトレッキングに行くので一緒にどうか、ということである。僕はアルタイという場所にも興味があったし、もしかしたらモグラの捕獲もできるかもしれないと、同行させてもらうことにした。

一九九九年七月一六日の夜、僕はバックパックに必要なものを詰め込んで、待ち合わせの駅まで研究室の学生に送ってもらい、そこから夜行電車に乗り込んでビースクという町まで移動した。ロシアの電車はさすがに長距離を移動するものが多く、寝台車両がとても快適だった。そこからバスに乗り換えてひたすら大平原をアルタイ地方へと走って行く。途中にジリスだかマーモットだかわからない半地中性のげっ歯類が多数見えて、僕は大はしゃぎだった。

このトレッキングは全行程を二週間で歩くというもので、ほとんど毎日日中は歩き続けるといったものだった。僕は体力にはけっこう自信があったが、これほどの長距離行は経験がない。はたして耐えられるのだろうか。僕たちはバックパックに食料やテントといったキャンプ用具一式を背負って、いざ村を出発した。

しばらくは村の未舗装路を歩いていたが、だんだんと丘陵地や川沿いの道へとようすは変化していった。途中、短いアルタイの夏山にたくさんの花々が咲き、そして図鑑でしか見たことがなかったようなさまざまな蝶などの昆虫が飛来していた。その中には赤い紋があるウスバシロチョウの仲間が含まれていて、大歓喜のトレッキングだった。村の周辺は赤土のかたい土壌で、モグラの気配は感じられない。ところどころ土が盛り上げられているが、どうやらこれはモグラレミング（*Ellobius*）という地中性のネズミのものらしく、モグラよりはずっと大きなトンネルで生活するげっ歯類がアルタイ地方には生息しているようだった。モグラとこれらの地中性げっ歯類は同じ場所で共存していることは少なく、環境によって棲みかを分けているようである。アルタイのみならず世界中でモグラがいない場所にはなんらかのげっ歯類が地中での生活をおくっている場合が多い。彼らはどういう環境要因で棲み分けを行っているのであろうか？　時間があればもっときちんとした調査をするべきだったと思うが、先の長いトレッキング行である、無理は言えない。いつかまた訪れたいものである。

僕たちの行程はアルタイ山脈の北側から入ってロシア・カザフスタン国境に位置する峰であるベルーハのふもとまで行くというものだった。途中のキャンプ地では火をおこすのもマッチ一本でやるということで、こういうことがロシアでは父から息子へと受け継がれていく技術なのだということだった。時には雨天で木も湿っている。ところが彼らはそういう時にも太めの倒木を見つけてきては、地面の側に面していた部分を割って、ぬれていない内側の部分で器用に火をつけるのだった。こういうことは日本では知りえない技だな、と僕は感心した。

ベルーハのふもとに到着したのは九日目のことで、真夏といっても標高が高いとあってけっこう寒い。僕はこの地点で谷間に流れ込んでいる氷河の上に立ち、「これはウイスキーを少し忍ばせておくべきだったな」と後悔しつつ微笑んだ。氷河から水路が流れるようすを見ては、水割りにしたらおいしいだろうな、と考えていた。この辺りでは夜もかなり冷え込む。途中までは個別の寝袋に寝ていたが、ここまで来るとあまりに寒いので寝袋をつないでみんなで一塊になって寝ようということになった。なんと僕たちが使っていた寝袋は個々をつなぎ合わせることができるように設計されていたものだったのだが、これにはまいった。ロシア人の体臭は日本人のものとは違っていてけっこう臭う。同じような思いを彼らもしていたと思われるが、これもまた貴重な体験であった。そもそも全員一週間以上は風呂にも入っていなかったわけで、しかも難所を越えての汗だくである。汗臭い臭いにまみれて僕たちは夜遅くまで語り合ったのである。といってもほとんどの会話はロシア語であったため僕には理解不能、時に英語が堪能な数名が僕に通訳するという状況だった。ロシア語でヤマネを意味するソーニャという名前の五歳の女の子が、ここでは僕のロシア語教師だった。（写真2・2）

ひたすら歩き続けて、山でのサバイバル生活の技を学びながらの二週間はあっという間にすぎていった。僕たちは終点の村に到着し、ノボシビルスクへ帰ることになった。僕は研究室の先生にこの翌日から出て

写真２・２　アルタイ山中にて，僕のロシア語教師のソーニャはヤマネを意味するロシア語.

くると告げてきていたため、パーティの中で僕だけはその日の夜行バスに乗って帰ることとなった。夜行バスといっても座席は通常のもので、おんぼろの小型バスだった。バスでの移動はかなり時間がかかるそうなのだが、夕方五時頃に出発して翌朝には到着する予定だという。それだけの時間を一人で運転するのか、といぶかりながらも、ドライバーはアーノルド・シュワルチェネッガーのような大男だっただけに彼なら夜通し運転する体力もあるのだろうと、この時は理解した。しかもどうやら助手のような男がついているようだった。バスが出発してから彼ら二人で盛んにロシア語で話し合っていたからそう思っただけなのだが……。僕はパーティのみんなにノボシビルスクで会おうと分かれてバスに乗り込んだ。

さてバスは出発して山間部の未舗装道路を走り、アルタイの山々が遠ざかっていく。長いトレッキングで疲れもあったが、雄大な景色に見とれて眠くはならなかった。いくつか休憩をとりながら日も暮れていき、暗い夜道を走っていった。シベリアの夏の日暮れはとても遅い。僕が座った席はバスの運転席のすぐ後部に後ろ向きに座る席で、入口に近い踊り場のようになっている場所だった。座席の後ろ（つまりバスのフロントガラス越し）にバスのライトに照らされる道をずっと眺めていた。もしかしたら何か動物が横切るかと考えたのである。ところが一向に何も通らない。僕は夜中の二時頃まで起きていたのは覚えているが、それから寝てしまったようである。そして次に起きた（起こされた）時に、その事故は起こっていた。

「うわぁーーー!!」という運転手の叫び声でとっさにパチッと目を覚ました。ところがその時にはすでに体の方向感覚が失われており、世界がぐるぐると回転しているのを感じた。そして何が起こったのか考える間もなく、またこれまでの人生が走馬灯のように見える間もなく、僕はバスの天井にたたきつけられ、からだにたいへんな痛みを覚えた。急に周りが静かになり、シーンとした暗闇に聞こえるのは人々のうめき声だけであった。暗闇に目が慣れると、僕は狭い空間にうつぶせ状態になっていることに気づいた。少しずつからだを動かしてみる。どうやら左肩がひじょうに痛むのでけがをしたらしいが、なんとか這うことはできそうだ。周りに倒れていた人も少しずつ動き始めている。僕もそれに続いてバスの出口と思しき方へ向かって這い始めた。なんとか外に出て乗っていたバスを見ると、草地に天地逆になっていて、しかも高さが本来の四分の三ほどしかなくなっている。その向こうの高台に道があった。どうやらバスは高台の道からそれて草地に転落したらしい。なんということだろう。

バスの中ではまだ何人かの人たちがうめき声をあげていた。同じバスにはアメリカからトレッキングに来た学生が多数乗っており、その面々らしい。どうすればいいのかと呆然としていたら、運よくけがもな

写真２・３　アカデモゴロドクで待ち伏せにより捕獲したアルタイモグラ.

かったらしいアメリカ人女学生が、割れた窓から中に入って行き救出しようとしていた。僕は彼女に続けとばかり中にもぐりこみ、動かせる右腕で助け出すのを手伝った。全員をバスの外に出したところ、奇跡的に死者はいないものの、重症の方が数名見受けられた。しばらく助けを待っていたところ、救急車がやって来て僕たちを見てまわった。僕は「肩の骨が折れているかもしれない」と診断されたが、その後はとくに何をしてもらえるでもない状況だった。けがが軽い方だったのだろう。道を改めて眺めると、バスの走った痕がまっすぐに崖の方へ向かっていた。「居眠り運転だな」と僕は理解した。

その後全員を連れて近くのビースクという町に連れて行かれたのだが、病院では僕は事情聴取のようなことを警察官から受けただけで、「行って良し」となった。僕とイーゴリーというロシアの学生は二人で通りに面した派出所のようなところに連れて行かれ、ここでバスを待つように、という支持を受けたが、バスはいっこうに来ない。警察官はヒッチハイクの車を探してくれたが、誰も乗せてくれない。僕の肩はまだ痛い。どうなることやらと開き直って、近くの露店でシャシュリクという肉の串焼きを二人で食べた。

そして再び待つこと一時間ほどであっただろうか、通りかかった車に乗っていたのが、なんと僕がトレッキングをともにしたパーティのみんなだった。するとそのうちの一人が気づいてくれた。僕は大きく手を振った。車は止まり、何をしているの？　と聴いてくる。僕は「じつはバスが転落してたいへんだった」と言うと、一同それは驚いた顔だ。僕は車に乗せてもらい、ノボシビルスクに向かうことになった。途中でバスが転落した場所を通り、つぶれているバスがあったので「あれに乗っていたんだ」というと「あなたが生きているのは奇跡よ」と一同苦笑していた。確かにその通りだろう。

僕はノボシビルスクに着いた時にはあまりに疲れていて、その頃宿泊していた寮の一室に戻ってあっという間に寝てしまった。翌朝起きると痛みは若干引いており、左手が上がるようになった。研究室で見てもらったところ、大丈夫だろうということで、薬を塗って終わりという処置であった。たいへんな目にあったものだ。しかしながら旅の終わりは悲惨なものであったが、アルタイの山々は僕にとってすばらしいものだった。

このトレッキングでは僕は三個体のアルタイモグラ（写真2・3）をクチェラ湖という標高一七〇〇メートルほどの湖の畔で捕獲した。トレッキングの途中に見つけた良好なトンネルの近くにその日のキャンプを張ることになり、夕方ワナを仕掛けておいたのである。道を横切るトンネルで、途中が二股になっていてY字路となっており、その三箇所にワナを仕掛けたところ、翌日すべてのワナにモグラがかかっていた。ひと続きのトンネルで三個体のモグラを捕獲したのははじめての経験だった。

ではそろそろこのアルタイモグラを説明しよう。

最北のモグラ、アルタイモグラ

ロシアでのおめあてのアルタイモグラはロシアの中央部、ちょうどノボシビルスク地区の西にあるオムスク地区との間を西限として、東はバイカル湖まで、南の分布はカザフスタンやモンゴルの北部にも生息するといわれる。オムスク地方から西方には別種ヨーロッパモグラ（*Talpa europaea*）が分布しているが、この境界線についても不明な点が多く興味深い。アルタイモグラは驚くべきことに、北極圏にいたる地域まで分布している。これはユージン（Yudin）というロシアの学者が記録に残している（図2・2）。とくに調査されたのはヤクーツク地区（サハ共和国）で、この地区を縦走するレナ川という北極海に注ぐ大河に沿って、このモグラは分布域をもっているという。まさに最北のモグラといえる種である。

このモグラはこのような北のはてでどのように生活しているのであろうか。ノボシビルスク地区でさえ、冬は一メートル以上の積雪があり、地表面は凍ってしまうような状況である。おそらく地下深くは比較的安定した温度が保たれていると思われる。同じくユージンの論文によると、冬季にもちゃんとこの種は活動しているとのことである。どうやってじゅうぶんな餌を確保するのか、それにしても不思議なことである。

どうやらこの種は土壌が完全に凍りつく「永久凍土」でさえなければ生きていける種のようである。気温がマイナス四〇度にもなるシベリアの地で、もしかしたら積雪は土壌温度をそれほど下げないような断熱材の役割をしているのかもしれない。もっと生態レベルの研究がなされるべき種のように思う。

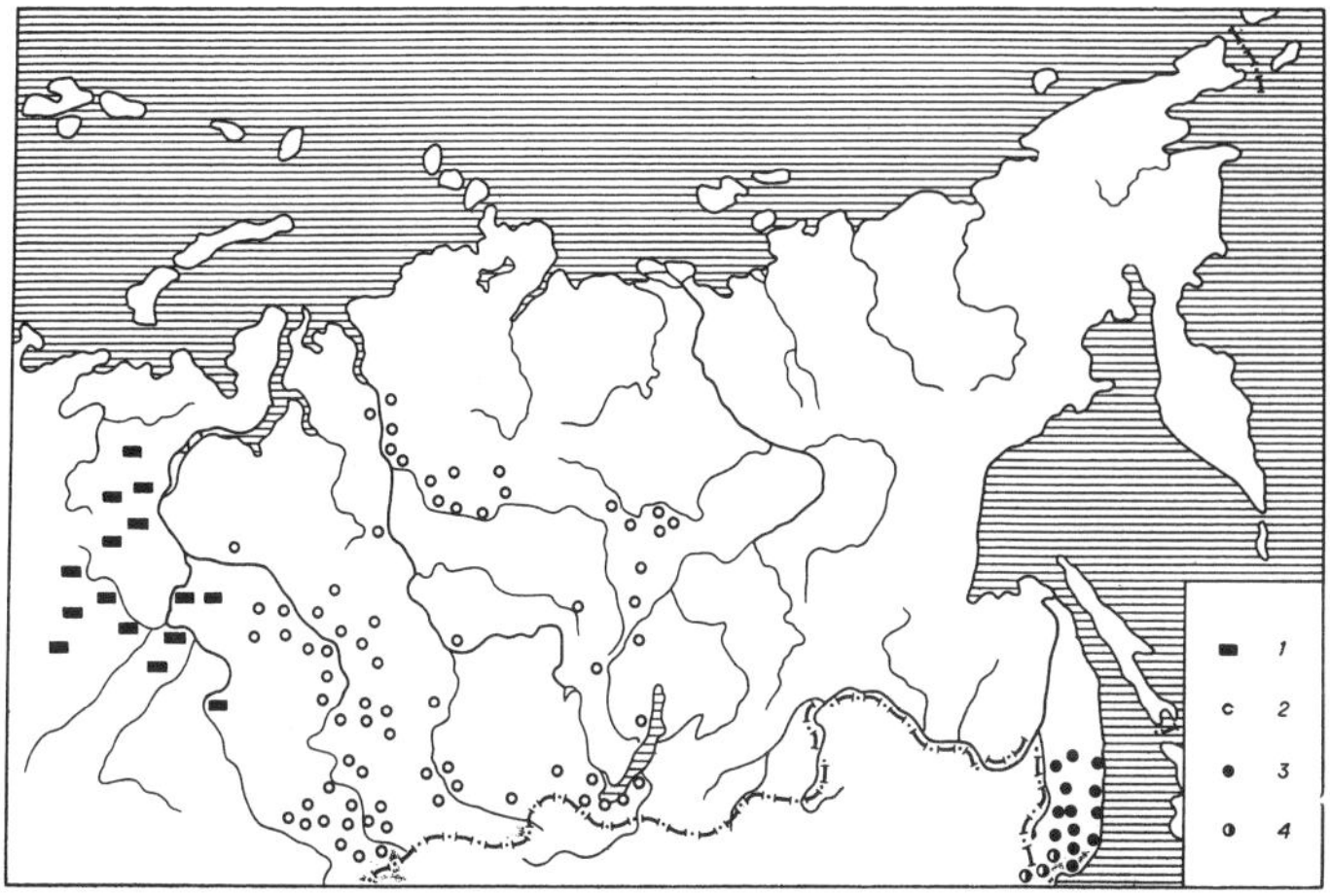

図2・2　シベリアにおけるモグラの分布．1：ヨーロッパモグラ，2：アルタイモグラ，3：オオモグラ，4：チョウセンモグラ．Yudin（1971）より．

さて、このアルタイモグラであるが、アカデモゴロドクにはふつうに生息している種である。町をとりまく白樺林にはたくさんの歩道があり、そこここにモグラが通ったトンネルが横切っている。これまでの経験からこういった歩道を横切るトンネルはひじょうにモグラが頻繁に利用するものである。そこでここにさっそくワナを仕掛けたところ、簡単にモグラを捕獲することができた。（写真2・4）

喜び勇んで研究室に戻ると、みなが祝福してくれた。そしてやはりモグラの姿かたちに興味津々のようである。どうやらロシアでもモグラ（ロシア語では「クロット」と言う）はなじみのある動物だが、実際に目にすることはほとんどないらしい。日本と状況がひじょうに似ている。

アルタイモグラは日本産のモグラとは異なり、毛色が真っ黒で目が開いており、尾は比較的長くて毛がフサフサしている。これらの特徴はヨーロッパ産のヨー

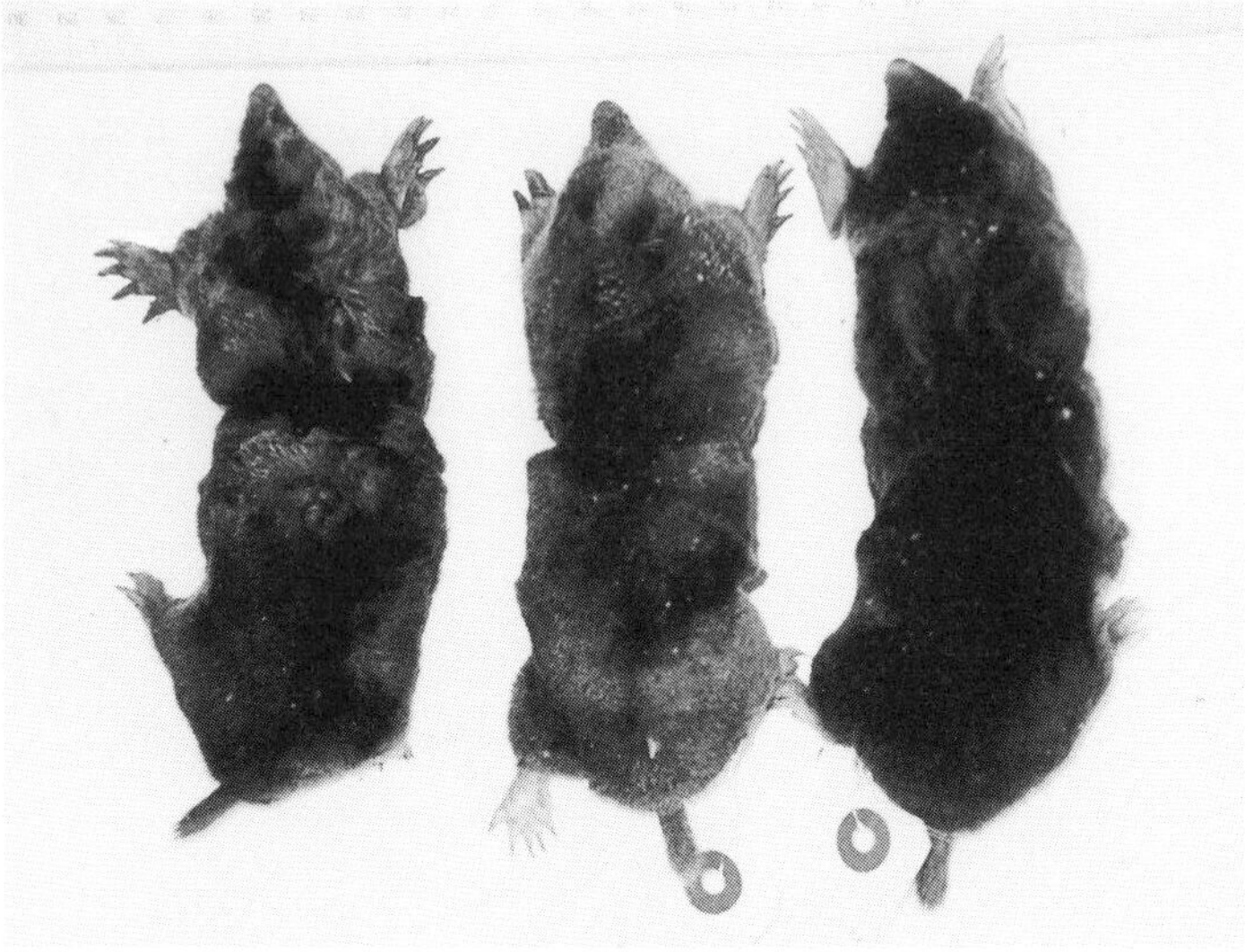

写真２・４　捕獲された３個体のアルタイモグラ.

ロッパモグラ属 ***Talpa*** のモグラと同様であり、加えてヨーロッパモグラ属の特徴としては陰茎が細長くとがった形状をしていることなどがあげられる。日本を含むアジア産のモグラとは異なる点が多い。僕が興味をもったのはやはり核型がどれくらい違うのかだった。ヨーロッパモグラ属で分染法を用いたくわしい染色体の記載があるのはイベリアモグラ（***Talpa occidentalis***）のみであり、その他の種に関しては染色体の数と形態に関する記載はあるが、Ｇ-バンド法を用いた比較分析が可能な核型は報告されていなかった。じつは僕は日本にいる間に一個体だけアルタイモグラのＧ-バンド分析を行っていた。これは大阪市立大学の原田正史先生がかつてノボシビルスクを訪問した際に捕獲し、染色体標本として保管していたものである。ところが一個体だけの分析では投稿論文として提出するには不十分だった。染色体には集団内の変異がある場合が知られているからである。複数の個体で手持ちのデータを確認する必要があった。

僕は早速捕獲できたアルタイモグラの染色体を調べることにした。ところがここで問題が生じた。すでに書いたように、ロシアでの研究者に対する研究資金は限られたものである。そのため分析に必要な培養液などの試薬は、僕が日本で利用できたほど自由には使用できなかったのである。

じつは培養液を使わなくても染色体を観察する方法はある。生きている動物個体の腹腔にコルヒチンという細胞分裂阻害剤を注射して、骨髄細胞の分裂を停止させ、この骨髄細胞を致死した動物からそのまま試験管に採取して低調処理し固定するという方法である。この方法は確実に染色体を観察できるというメリットはあるが、観察された像は組織培養を用いた方法よりは劣り、また条件が悪い場合には、染色体は小さく縮んだ状態になってしまい、核型比較には用いることができないものとなってしまう。

こういったデメリットはあるにしても、やれといわれれば仕方がなく、生きているモグラを捕獲することが先決となってしまった。僕の生活スタイルは、毎朝夜明け前に起きて、朝食を準備してリュックに詰め込み、森に入ってモグラが通りそうないいトンネルの前に座り込んで、朝食をとりながらひたすら待ち伏せするという日課から始まるようになった。待ち伏せは生きているモグラを捕獲するには最高の方法である。第一章で書いた主道のトンネルであればモグラは毎日同じトンネルを利用するので、前日にトンネル通過を確認していれば、翌日そこで待っていればほぼ必ずそこを通る。そしてすでに書いたようにモグラは一日に三回の周期で活動するため、チャンスは一日に三回ある。不合理と思われるかもしれないが、僕にとってはとても合理的である。実際にほぼ毎日一〜二個体の生きているモグラを持って、朝十時頃には研究室に出勤し、研究室のメンバーを驚かせたのである。

アルタイモグラの染色体分析

アルタイモグラの核型が論文として報告されたのは一九七二年のことである。二つの研究グループがそれぞれアルタイモグラのギムザ染色した核型を発表した（Fedyk and Ivanitskaya, 1972; Kratochvíl and Král, 1972）。彼らはこのモグラと他のモグラ類の類縁について、染色体数と染色体の形態の面から述べている。モグラ類の染色体数は大きく三四本のグループと、三六本のグループに類別される。日本のモグラはすでに述べたように三六本であるが、三四本のグループはヨーロッパと北米に分布している。染色体はふつう大きなものから順に並べて図示され、それらは第一染色体・第二染色体……と呼ばれる。アルタイモグラの核型の特徴として、第一染色体が他のどの染色体よりも明らかに大きいメタセントリック染色体（動原体が染色体の中央付近にあるもの）で、この特徴は、北米に生息するモグラ類に共通したものと同じであった。なお、日本に生息する二種のヒミズも同じような核型をもっているが、後述するようにヒミズはアメリカ産のモグラ類に核型がとても似ているのである。

さて、ではヨーロッパ産のモグラ類 *Talpa* spp. はどうかというと、基本的には染色体数は三四本である。染色体数が増加している種が二種知られているが（たとえばチチュウカイモグラ（*Talpa caeca*）の三六本、コーカサスモグラ（*Talpa caucasica*）の三八本）、これらの例外的なものは一本の染色体が二本に切れてしまう変化がおこった結果として数が増加したものと考えられている（Dzuev, 1982）。そしてこのヨーロッパ産モグラ類の核型の染色体構成は、第一染色体から第六染色体くらいまでは、ほとんど大きさが違わないメタセントリック染色体である。つまりアルタイモグラはヨーロッパモグラ属の一員でありながら、染色体構成はアメリカのモグラ類に近い、というのがそれまでに知られている情報であった。Kratochvíl and Král（1972）はこれらの結果から、アルタイモグラがヨーロッパ産のモグラとアメリカ産のモグラの中間的な橋渡し的存在、すなわち祖先的な種であるという強引な結論を示している。そこで僕はこれをG

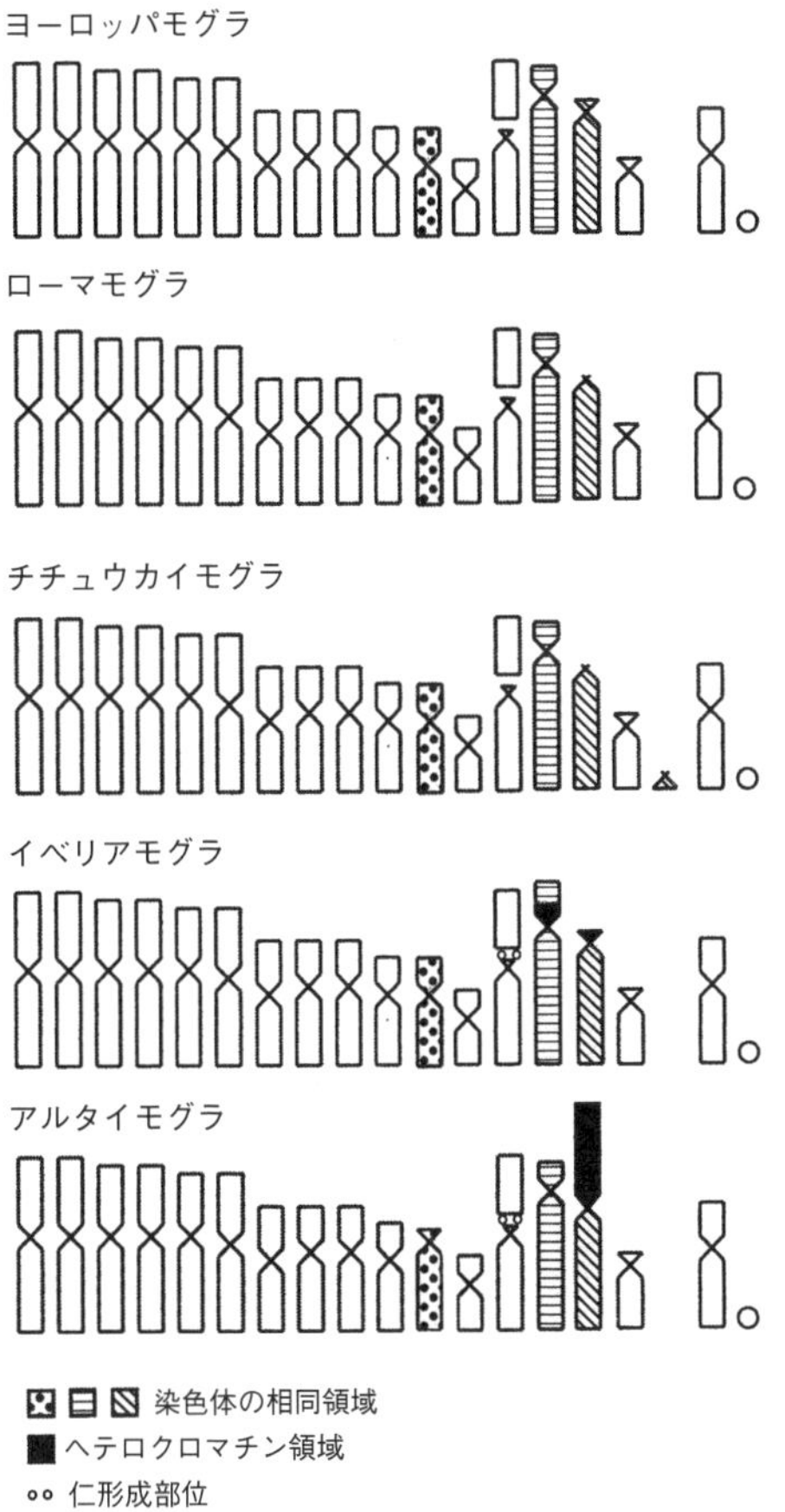

図2・3　ヨーロッパモグラ属５種の核型模式図．対応する染色体部位を網掛けで示してある．

-バンド法やC-バンド法を用いて確認しようと思ったのである。

得られた結果はこの仮説とは異なるものであった。アルタイモグラはそのほとんどの染色体がヨーロッパ産のモグラ類と相同である（図2・3）。注目すべきはかつての論文で指摘されていた大型のメタセントリック染色体は、C-バンド法では短腕が濃く染められることがわかった。C-バンド法で濃染される部分は、構成性異質染色質という特殊な要素が含まれる染色体領域である。この部分は、種間や地域集団間で増加が認められることが多々ある。たとえばアクロセントリック型の染色体が動原体部に局在する異質染色質の重複によって、メタセントリック型の染色体に変化することは染色体進化の過程でよく見られることである。どうやら僕の結果から考えると、アルタイモグラの核型はアメリカのモグラに似ているどころか、ヨーロッパ産のモグラ類にきわめて似ており、唯一異質染色質の重複によって大型のメタセントリック染色体が形成されたことによって、アメリカモグラ類に似た核型をもつにいたったようである。つまり外見上は似ているがその起源を別にする「相似」の関係にあると言えるのだ。

ヨーロッパモグラ属でG-バンド核型の報告があるイベリアモグラとの比較を行ったところ、相同性は明らかなものであった。しかもJiménezほかによると、イベリアモグラの一対のアクロセントリック染色体の動原体部に、C-バンドの多い領域を認めたという（Jiménez *et al.*, 1984）。僕はこの領域がアルタイモグラでは著しくC-バンド領域が重複したことによって、大きな短腕を形成したのであろうと考えた。

アメリカのモグラ類の染色体に関しては、イェイツ（Yates）ほかによってトウブモグラ（*Scalopus aquaticus*）というアメリカ合衆国東部に生息するモグラで報告がある（Yates *et al.*, 1976）。この種のもっとも大きい染色体上には、アルタイモグラに観察されたC－バンドの重複にあたるような部分は見られない。つまり僕の観察は、アルタイモグラがヨーロッパとアメリカに生息するモグラの中間型であるとする過去の知見に相対するものである。これに驚かされた僕は、この内容をまとめてフランスの『Mammalia』という雑誌に論文を提出した（Kawada *et al.*, 2002a）。ユーラシアと北米のモグラの関係性を否定する重要な知見であった。

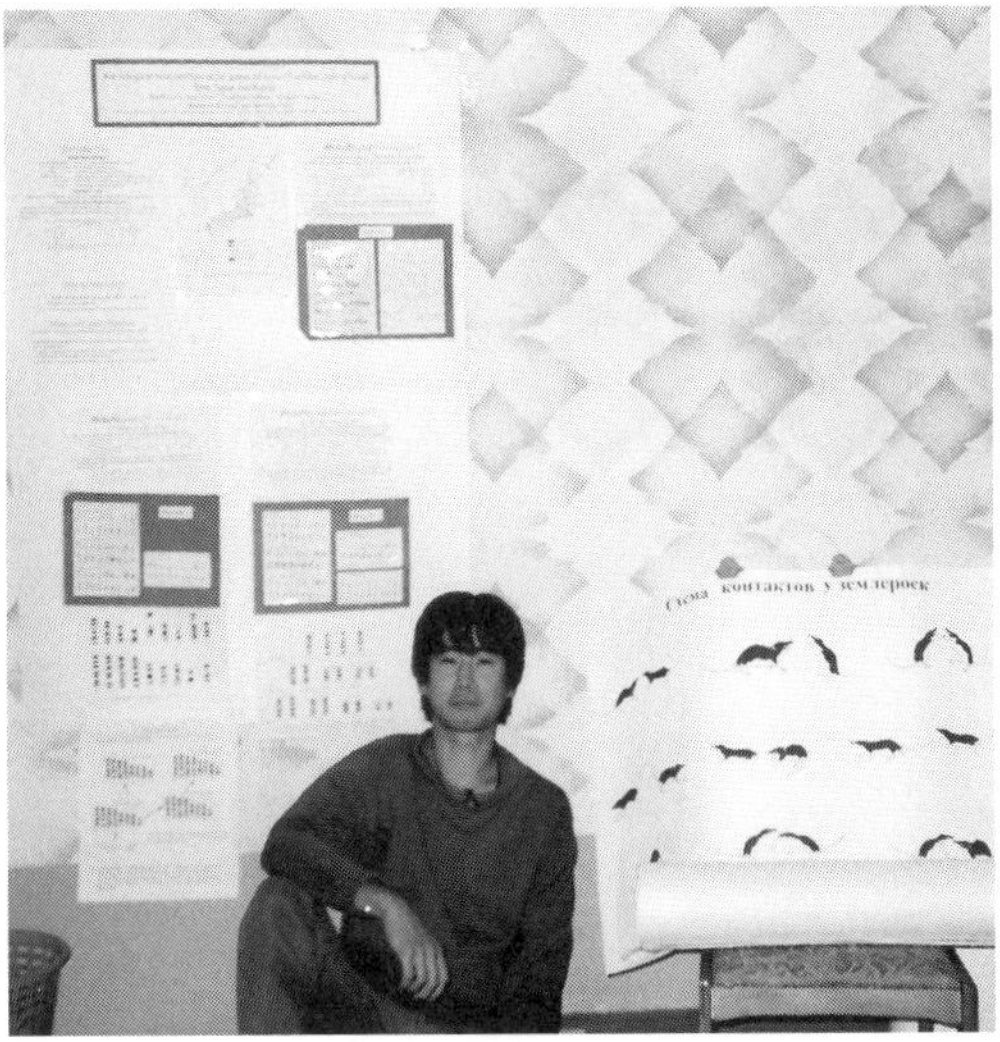

写真２・５　ケメロボ市での国際（？）シンポジウムにて．壁にポスターが貼り付けてある．

ケメロボ市で行われた国際（？）シンポジウム

アルタイモグラの染色体分析が一段落したころ、研究室の仲間に誘われてケメロボという隣の地区で食虫類に関する国際シンポジウムが開かれるという情報が流れてきた。僕は自分の研究を発表しようとエントリーした。発表内容は、モグラの染色体進化についてアピールしたい思いがあり、すでにストーリーがまとまっていた日本産モグラ類の核型進化に関するポスターを製作した。

ケメロボのシンポジウムは一九九九年九月にケメロボ大学において行われた。ちょうど中央シベリアの大地に雪が降り始めたころである。ケメロボ地区はノボシビルスクの北東にある地区で、到着した時にはすでに雪が積もっていた。国際シンポジウムと銘打っていたが、発表に使う言語はロシア語か英語という和やかなものであった。実際にロシア人以外の参加者は僕とアメリカのトガリネズミ研究者であるレスリー・キャラウェイさんだけで、この二人にそれぞれ一人のロシア語通訳がつくという、ある意味至れり尽くせりであった。発表はつなぎ合わせたシーツにプロジェクターでスライド投影するもので、僕のポスターは「会場の壁に適当に貼ってよい」とのことだったので、一番目につきそうな場所に貼らせていただいた。（写真2・5）

コラム　ロシアと言えば「バーニャ」と「ウォッカ」

このシンポジウムではロシア語の勉強になるどころか、ほとんどまったくといっていいほどどんな話があったのかを記憶していないのだが（僕の英語力の不足による部分も多大）、おもしろかったのは議論が終了した後の課外活動であった。ロシアではサウナが有名だという話は聞いていたが、これを体験することができたのだ。ロシアのサウナは「バーニャ」といい、日本のものと似ているが、異なる部分はサウナの熱源となるところに水を張ったボウルが置いてあり、温まった水に白樺の枝葉が浸かっている。サウナの蒸気で体が温まってきたら、この白樺をからだに打ちつけるというものだった。そしてからだの熱が最高潮になったところで、外に出て雪や水風呂に飛び込む。こういったことをお酒を飲んだ後にやるのだから、からだに良

写真　色とりどりのラベルが貼られたロシアのウォッカ．ロシアで生活していた部屋にて撮影．

いのだか悪いのだかわかったものではない。ただ、郷に入れば郷に従えの言葉のとおり、僕はその儀式を受け入れるだけだった。

　ロシアの酒といえばウォッカである。ロシアでは、「ビールは一〇〇種、ウォッカは一〇〇〇種」と言われ、確かにスーパーマーケットに行くと五〇〇ミリリットルのビンに入ったウォッカが多種多様に並べられていた。僕はお酒は大好きなので、いつかこのすべてのボトルを飲んでやろうと、二日に一本あけるくらいのペースで飲んでいたが、短い期間でショップのウォッカは新しい商品へとどんどんかわっていき、とうてい追いつけるものではない。それくらい種類数が多いということなのだろう。僕がロシアで迎えた新年は辰年で、この頃にはたくさんの首をもつドラゴンの絵柄が入った、「干支ウォッカ」も登場するくらいであった。また地方に独自の酒蔵があるらしく、地ウォッカも盛んに作られているらしい。ノボシビルスクではビナップという会社がウォッカの生産を担っていた。ノボシビルスクで一番大きい企業だという。（写真）

さて、シンポジウムでは同行した同じ研究室のパリーナさんに通訳してもらいながら、多くの人々と友達になることができた。毎晩パーティが繰り広げられ、ロシア民謡などをギターの音色に合わせて歌ったりと、楽しい数日だった。それでは僕も、とギターを借りて日本の歌を唄わせていただいたところ、とても好評であった。音楽に国境はない。しかし、よっぽど変な日本人と思われたことだろう。

形態学への移行点

ケメロボでのシンポジウムが終わってノボシビルスクに帰ると、すでに雪が降り積もっていた。シベリアでは一度雪が積もると、春まで道が見えることはない。道が見えないということはモグラの捕獲も無理だろう。ところが僕はショベルを片手に森に行き、トンネルがあったと記憶していた場所で雪を一メートル以上も掘り起こしてみた。なんとかモグラのトンネルを発見し、ワナを仕掛けてみたが、翌朝にはワナが完全に凍結しており、機能しないただの筒になっていた（写真2・6）。どうやらこのトンネルをモグラが利用した形跡もなかった。冬は深いところにもぐって生活しているのであろう。

僕がロシアで染色体の研究をやる中での問題点はすでに述べたが、ノボシビルスクで生きた材料の研究が可能なモグラはアルタイモグラ一種であったこともそれに加えられる。モグラも捕れず、そして染色体の分析も一段落して、僕が向かったのはシベリア動物学博物館だった。すでに書いたように子安先生のつてで、この博物館のジョルネロフスカヤ博士を訪ねて、モグラの標本を調べさせてもらおうと思ったのである。僕は日本にいた頃はモグラの仮剥製や頭骨標本を作ってはいたが、これをきちんと分析してみよう

写真２・６　積雪を掘ってモグラの穴を探す．スコップは折れてしまった（右）．発見したアルタイモグラのトンネル（左）．

とは考えていなかったので、形態学はまったくのド素人であったが、せっかくの機会だから、形の研究を勉強してみようと思ったのだった。

シベリア動物学博物館は僕が所属していたロシア科学アカデミーに属し、生態学・体系学研究所という機関である。（写真２・７）この博物館には十一万点もの哺乳類標本が保管されており、アルタイモグラの標本は約一八〇〇点もある。ここで僕がまず調べてみようと思ったのは、アルタイモグラの歯の変異に関することで、この着想を得たのは自分で捕獲したモグラの頭骨標本を作製して、その観察をしていた時であった。ちょっと見ただけでは気がつかなかったのだが、その時観察していた標本では、上顎の右第三小臼歯が二つあるようである。そこで僕が秋までに捕獲できた二七個体のアルタイモグラの頭骨標本を調べなおしてみると、いくつかの個体では歯が欠失しているものも見られた。これはおもしろいと思い、もっと多くのの標本でどれくらいの頻度で歯の異常があるのかを調べてみたらどう

写真２・７　冬季の研究場所となったシベリア動物学博物館.

だろう、と考えたのである。
　ジョルネロフスカヤ博士は僕が標本を調べることを快く受け入れてくれた。毎朝早起きして、マイナス二〇度より低い温度の中をバス停まで歩き、そこからバスに乗って博物館があるノボシビルスク市内まで移動する。博物館に着くと僕に与えられた机に向かって、朝から晩まで標本を調べ続けた。驚いたことに、アルタイモグラの歯の変異はそれほど珍しいものではないらしい。さまざまな地域で捕獲された標本を調べたが、どの地域でもある程度の歯の異常が観察された。とくに驚いたのは、バイカル湖の南にあるブリャート地区で捕獲された二〇個体ほどの標本はいずれも本種の正常な歯の数とされている四四本とは異なっていた。また歯の数はもっとも少ない個体で二七本となり、最大数が四七本だった。つまり二七本の個体では、上下顎の小臼歯がほとんどすべてなくなっており、また最大数の場合は三本の過剰歯が存在する。（表２・１）
　一般に哺乳類の歯の数は種によって決まっており、その数を逸脱することは稀な異常として理解されている。ところがアルタイモグラの場合はそうでもないらしい。歯の数の不安定性というのがこの種の特徴

表２・１　シベリア動物学博物館に所蔵されているアルタイモグラ頭骨の地区別歯列異常.

地区	総個体数（N）	正常	異常	異常（％）
アルタイ地区	289	229	60	20.76
ブリヤート共和国	18	2	16	88.89
イルクーツク州	70	55	15	21.43
ケメロボ州	104	93	11	10.58
クラスノヤルスク州	40	26	14	35.00
ノボシビルスク州	691	558	133	19.25
トムスク州	415	270	145	34.94
西シベリア	114	104	10	8.77
サハ共和国	14	12	2	14.29
トゥヴァー共和国	4	3	1	25.00
ハカシア共和国	2	1	1	50.00
その他	9	7	2	22.22
クズネツク地方	18	18	0	0.00
カザフ共和国	1	1	0	0.00
合計	1789	1379	410	22.92

であるらしいのだ。こんなことが今まで知られていなかったのか、と疑問に思いロシア語の文献を調べてみたところ、かつてこの博物館のキュレーターであったユージン（Yudin）が書いた本に、ちゃんとアルタイモグラの歯の変異に関する記述があった（Yudin, 1989）。しかし彼はさまざまなタイプの変異があることについては述べているが、地域間での変異の傾向や異常な歯の左右相称性といったことを深くは調べなかったようだ。そこで僕はこれらの内容をまとめることにした。

さてここで困ったのが、僕は標本の記録を残すために小さなコンパクトフィルムカメラしかもっていなかったのである。この頃はまだデジタルカメラがそれほど普及しておらず、貧乏学生の身分だった僕には手に入れようもない代物であった。博物館には顕微鏡撮影ができるような機材もなく、仕方なく僕は一つひとつ歯の異常がある個体の頭骨標本をスケッチすることに

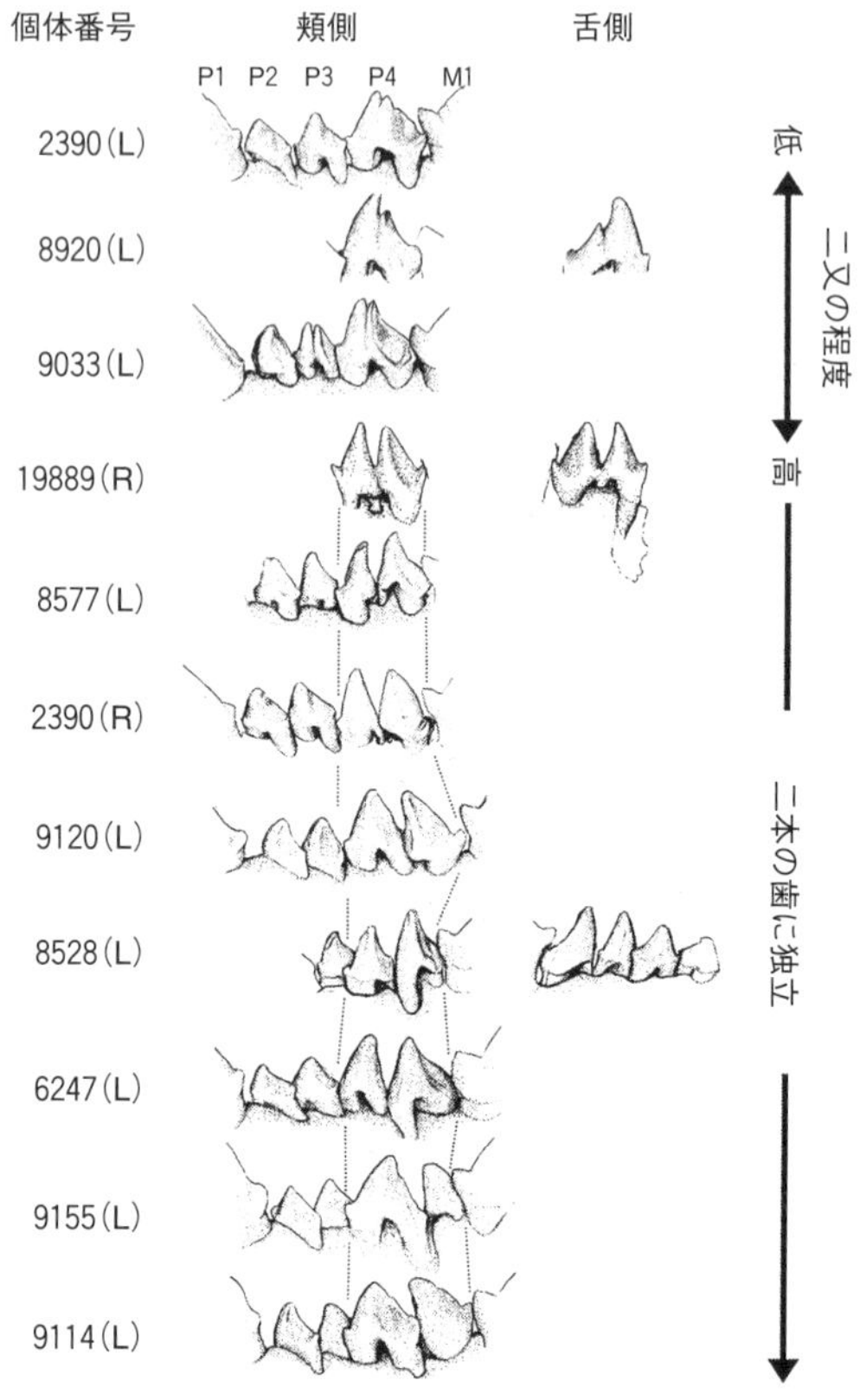

図２・４　アルタイモグラの下顎第四小臼歯が個体によって２つの独立した歯に分かれるようすを表したスケッチ.

した（図２・４）。ジョルネロフスカヤ博士は標本の貸し出しにも応じてくださり、僕は染色体の研究室の自分の机にどこからか研究室の学生がもってきてくれた実体顕微鏡を置き、博物館から借りてきた標本のスケッチを始めた。こうしてその成果を論文としてまとめることができた（Kawada *et al.*, 2006a）。

ヒミズをロシアデスマンで調べる

僕が博物館で調べたことはもう一つある。これにもいろいろといきさつがあるのだが、発端は日本に生息するヒミズの歯式を調べていた時のことだ。哺乳類は歯の形態に切歯・犬歯・小臼歯・大臼歯の種別があり、これらが何本あるのかというのを式にしてあらわしたものは歯式と呼ばれる。たとえばアルタイモグラはすでに書いたように四四本の歯をもつが、これらには上下顎の左右ともに三本の切歯（I）、一本の犬歯（C）、四本の小臼歯（P）、三本の大臼歯（M）を含んでいる。これを式で表すとI3/3, C1/1, P4/4, M3/3=44となる。さてここでヒミズの歯式がなぜ問題になるのかというと、本種については日本とアメリカで異なる歯式が用いられているからである。なぜこのようなことが起こるのかというと、ヒミズの歯列にはめだった鋭い形の犬歯が存在せず、そのためどこに歯種の境界線を引くかということで意見の不一致が生じるのである。日本式ではI2/1, C1/1, P4/3, M3/3=36で、一方アメリカ式ではI3/2 + C1/1 + P3/2 + M3/3=36となり、つまりどの歯を犬歯と捉えるかで歯式は違ったものになってしまう。

この点に気づいた僕は子安先生にメールを送りこの問題について伺ってみた。すると「ひじょうに重要な問題であるから、ロシアの博物館でロシアデスマン（*Desmana moschata*）の頭骨で若い個体があったら調べてみてはどうか」とのことである。どうやら子安先生はすでにこの問題に気づいていたようで、なにかいいアイデアがあるらしかった。

日本のヒミズの歯式を広めたのはImaizumi and Kubota（1978）である。彼らは歯式の決定のために、切歯縫合という、頭の骨のうち歯が生える上顎骨と切歯骨の境界線にあたる部分と歯の位置的な関係に注目した。この定義では、犬歯は切歯縫合の付近か少し後ろから生える一本の歯ということになる。この関係からI2/1, C1/1, P4/3, M3/3=36という歯式を提案したのである。この歯式はHanamura *et al.*（1998）に受け入れられて、現在日本の学者に広く用いられている。一方でアメリカのZiegler（1971）は別の観点からヒミズの歯式について言及した。彼はほとんどの哺乳類において、本来乳歯と永久歯が存在する二生歯性の歯である小臼歯のうち、第一小臼歯のみが生え変わらないことに注目した。この特徴に基づくと、ヒミズで生え変わることがない歯は前から五番目の小さな歯であった。つまりこれが第一小臼歯と考えられる。じつはHanamura *et al.*（1988）はこの歯が一生歯性であるという特徴に気づいていた。ところが彼らの結論ではこの歯は第二小臼歯として扱われている。彼らはこの特徴をヒミズの祖先性を意味すると考察しているのである。

さて、問題は歯式を解釈する上で、上記二点の特徴のうちいずれが正確に歯の特徴を捉えたものであるかということになる。つまりZieglerの解釈は歯の発生学的な側面を重視したものである。一方でImaizumi and Kubota（1978）の解釈は、頭骨を構成する骨と歯の位置関係にのみに意味をおいたものということになるだろう。

ここで登場するのがロシアデスマンというモグラ科の動物である（図2・5）。デスマン類はモグラ類ともヒミズ類とも異なるモグラ科のメンバーである。からだは比較的大型で、後ろ足に水かきがあり、尾が縦に平べったいという特徴から、この種が水生適応したモグラ科であることは容易に想像できよう。デスマン類にはピレネー山脈に分布するピレネーデスマン（*Galemys pyrenaicus*）とロシア西部の限られた場所にだけ分布するロシアデスマンの二種のみが現生種として知られている。いずれも生息数が減少傾向にある希少種である。

歯式というテーマでデスマン類がなぜ重要性を増すのかというと、その歯数が四四本であるためである。

図２・５　ユージン画によるロシアデスマンのスケッチ．Yudin（1989）で使用された原図．

現生の哺乳類は言うまでもなくもっとも古い時代に分化したグループが単孔類と呼ばれる、卵生で乳で子を育てるカモノハシのグループで、その後に分化したものが有袋類というオーストラリア大陸で適応放散したグループである。有袋類と分岐した多数の現生種を含むグループは有胎盤哺乳類と呼ばれる。このグループの特徴として重要とされるのが歯式なのだ。もっとも祖先的な有胎盤哺乳類の歯式（基本歯式と呼ばれる）はI3/3, C1/1, P4/4, M3/3=44であり、クジラ類などのわずかな例外をのぞくとこの数から歯の数が増加することは稀である。つまりロシアデスマンの歯式は、有胎盤哺乳類の基本歯式から変化していないということになる。（図２・６）

このことを前提に、僕は子安先生の指示に従い、シベリア動物学博物館にあるロシアデスマンの標本を見せていただくこと

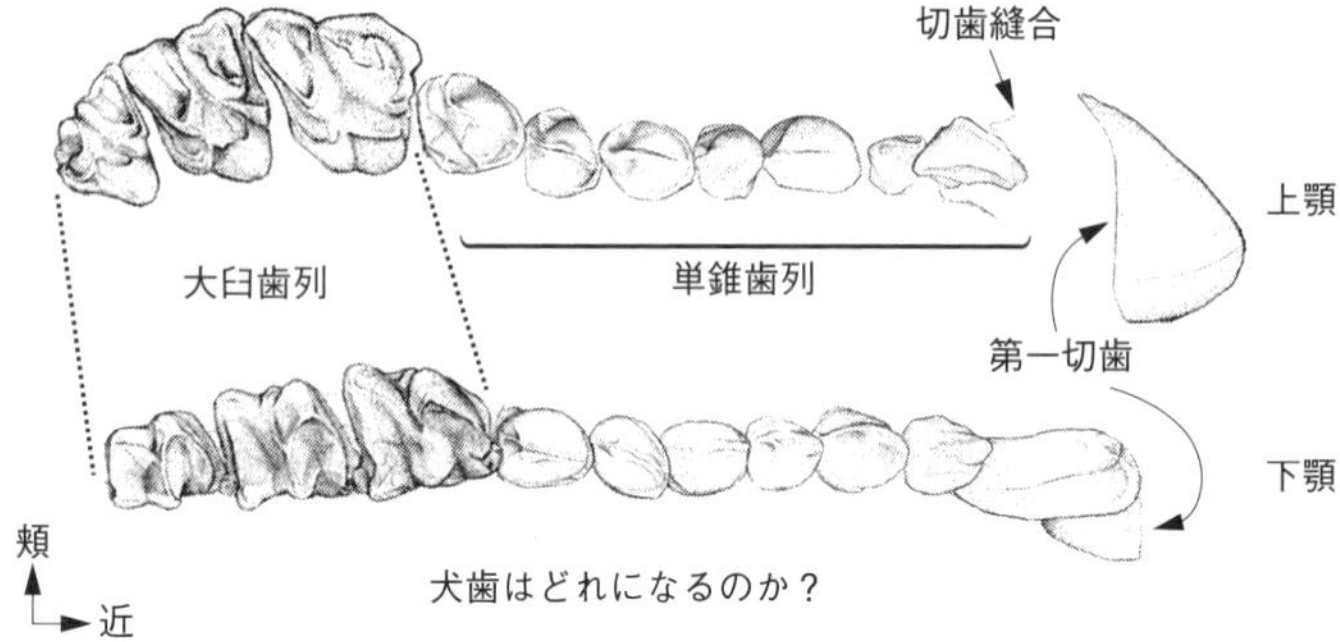

図２・６　ロシアデスマンの歯列．咬合面のスケッチ．

になった。ほとんどの個体は子安先生の希望に沿うような若い個体ではなかったが、一個体だけ明らかに若い個体が収蔵されていた。標本から老若の違いがわかるのか、と疑問に思うかもしれないが、じつは何を隠そう、Imaizumi and Kubota（1978）が基準にした切歯縫合はモグラ科の比較的若い段階で完全に骨同士が癒合してしまい、消失するために、この縫合線が残っているということはその個体が若い証拠なのである。子安先生が僕に指示したのは、「若い個体」を見るというより「切歯縫合」を観察しなさいということだったのである。

さて、それではロシアデスマンの切歯縫合とはどのようになっていて、歯との位置関係はどのようになっているのだろうか。僕は肉眼と実体顕微鏡による観察から次のように結論した。

まずロシアデスマンの切歯縫合は、頭骨の背側で頭骨前端上部から頭骨表面を腹側後方に走り、ちょうど中程度のところで折り返して前方へと向かっており、逆「く」の字型に見える（図２・７）。そして歯列がある口蓋部付近の高さでは第二歯の場所に落ち着く。この観察だけから見ると、前から二番目の小さな歯が犬歯という判定を受けることになるだろう。ところが口蓋側から縫合線を追跡すると、第二・

三歯に共通する歯槽（歯のソケットにあたる穴）の後方から再び切歯縫合は口蓋正中へと伸びていくのである。つまり第三歯までは切歯縫合の近心に位置する切歯骨から生じていると受けとることもできる。つまり切歯縫合の位置を頭骨側面から観察した場合と、口蓋側から観察した場合では異なった解釈がされる可能性がある。また切歯縫合が残存している個体は概して若齢個体であるため、成長にしたがう骨の成長によって、縫合の位置がずれる可能性すらある（そして実際にロシアデスマンの切歯縫合の成長に伴う変異がかつて報告されている（Paramonov, 1932））。骨同士の境界は一般に頭骨表面から観察されるために「縫合線」と称されるが、実際には頭骨の内部で入り組んだ形になっていて、縫合面を形成するはずである。たとえその歯が切歯骨から生じているように見えても、歯が形成される頭骨内部では切歯骨か上顎骨のいずれから生じているのかはわからない（図2・8）。

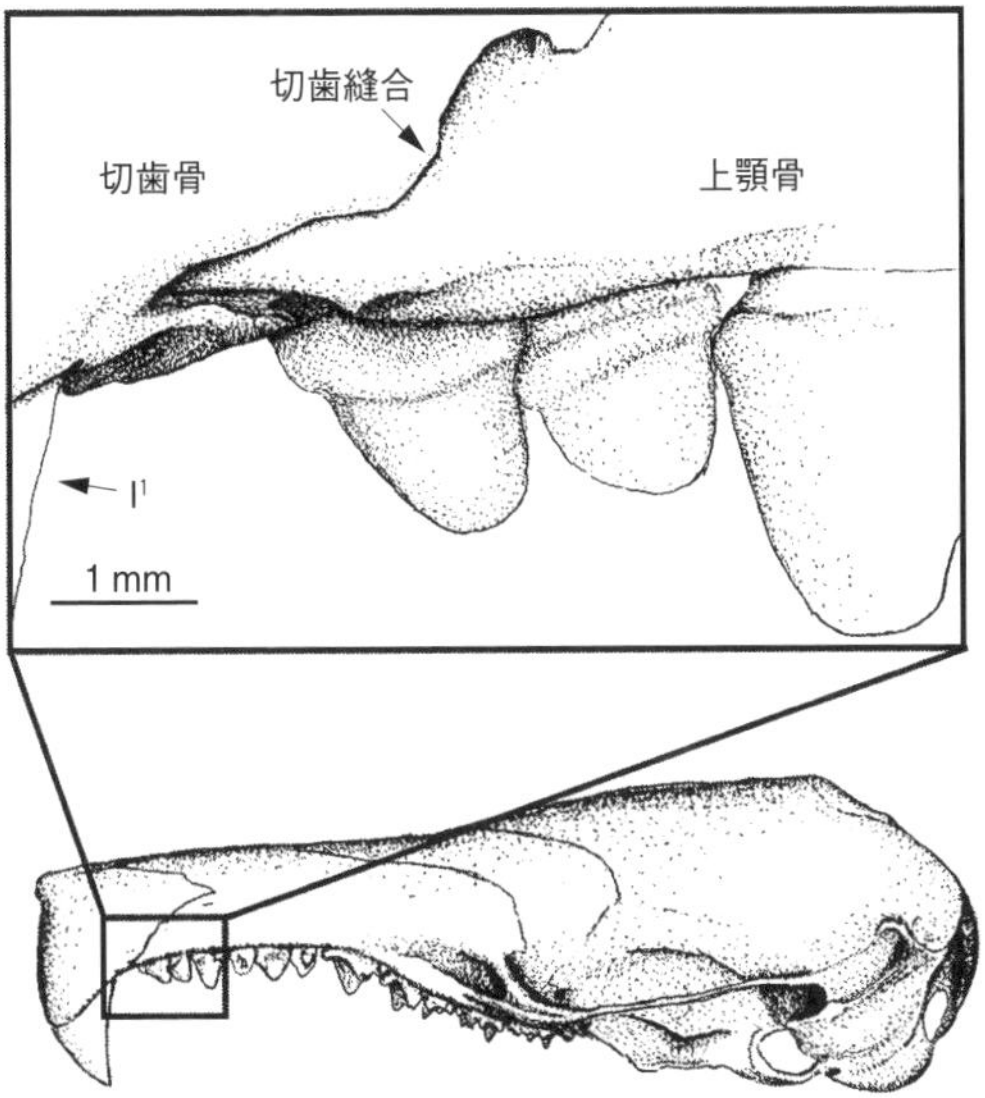

切歯縫合は頭蓋中ほどの高さから近心方向へ向かうが，基底部にて再び遠心方向へ折り返す．

図2・7　ロシアデスマン幼獣の頭蓋側面図．切歯縫合の部分を拡大して示す．

さて、前述したようにロシアデスマン

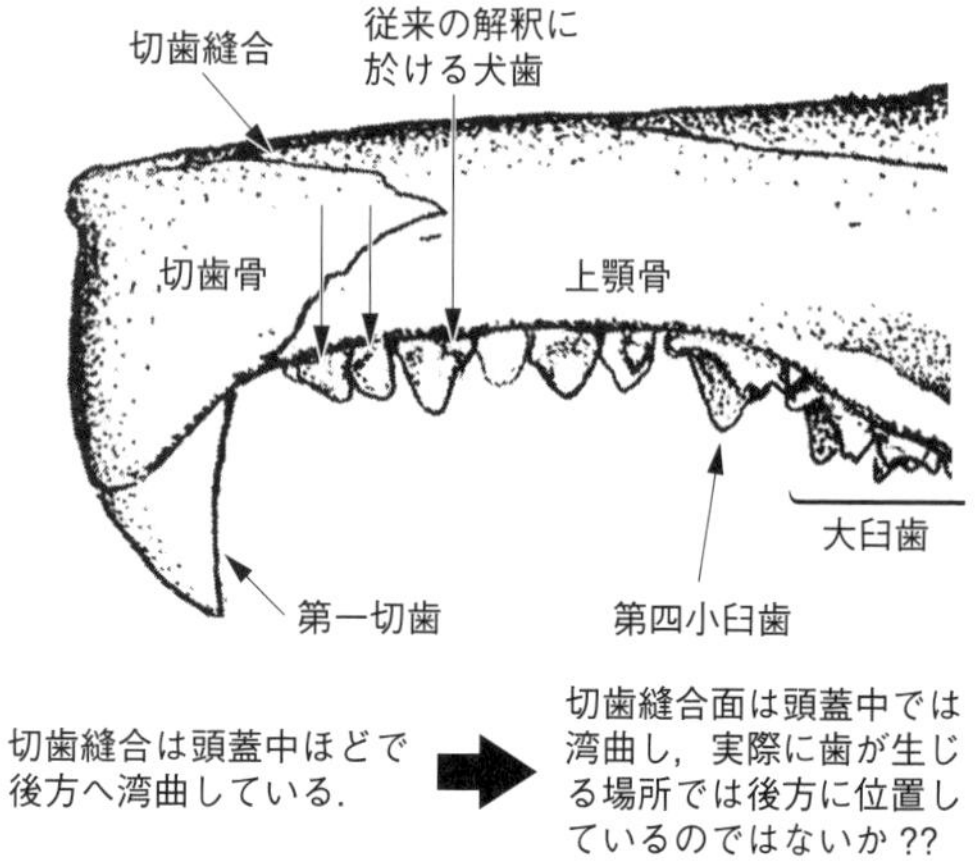

図2・8　ロシアデスマンの切歯縫合と歯の位置関係に関する仮説.

の歯式は基本歯式と同じI3/3, C1/1, P4/4, M3/3=44である。たとえば横から見たときの縫合と歯の関係を上顎の歯式に反映するとI2, C1, P5, M3となるであろう。ところがロシアデスマンがこういった歯式だと考えられなかったのには、基本歯式からの数の逸脱はふつう歯が減る方向へ進行するものであって、歯の増加は稀である、というルールによっている。つまり歯の全数が変わらずに切歯の数が減少してさらに小臼歯（P）が五本に増加するというのは、歯の進化において非節約的な仮説ととらえられるのである（Kawada *et al.*, 2002b）。

　こうして考えるとヒミズの歯式として異なる二つの式が提唱されてきた理由はよく理解できる。従来日本の研究者が採用してきた歯式は、表面的な切歯縫合の観察によるものので、間違いである可能性が高いだろう。しかしながらヒミズの場合は全歯数が三二と少なくなっているために、誰も不思議に思わず採用してきたのだ。一方でZieglerが指標とした、上顎第一小臼歯の一生歯性という特徴は、広く有胎盤哺乳類に観察されるもので、どうやら哺乳類の多様化の過程で保存されてきたようである。こういった発生学的に重要な形質というものに着目した点はすばらしかったのだろう。僕はZieglerに軍配をあげたいと思う。

ロシアの冬をすごし日本へ帰る

二〇〇〇年という区切りの良い年をノボシビルスクで向かえ、ノボシビルスクでは「どこそこの国からミサイルが飛んでくるという噂がある」とモスクワから疎開してきた日本人がいたりという賑わいであった。幸いにも僕が滞在中に恐ろしい思いをしたのはバス事故くらいであったが、寒さの方といえば厳しいもので、じつにこの新年を迎える日にノボシビルスクはマイナス四五度という一番の寒冷を記録した。僕は寒さの中、大学の寮で開かれるパーティに誘われて歩いていた。

ロシアでもっとも得たものは何かといわれれば、博物館での仕事に目を向けるきっかけを作ってくれたことだろう。一つ覚えの染色体研究に突き進んでいた僕を、一二万点の哺乳類標本とそれを築き上げた人々、そして多くのロシア人研究者による著作が、僕に形態の魅力を教えてくれた。また形の学問にはまだまだわかっていないことが多いということを研究の過程で知り、博物館という施設がその未知な情報を秘めた標本たちをひっそりと残し続けていて、研究者たちが訪れるのを待ち続けているのだということもよく理解することができた。後日談となるが、帰国した僕に織田先生と子安先生は、「川田が染色体の研究だけやって帰ってきたら、ロシアに行かせた意味がないと思っとった」と語られた。どうやら僕を送り込んだのには、僕にもっと広い視野でモグラという動物を見れるように、という思いがあったようだ。僕はこの後、さまざまな標本を残す作業を研究室で始めることになる。

僕は三月の終わりまで博物館に通った。アルタイモグラのすべての頭骨を計測したりする時間は、残念ながらなかった。一八〇〇もの標本を調べつくすなんて、そう簡単なことではない。僕は再びこの博物館で追加調査をしに来るという思いを、ジョルネロフスカヤ博士に伝え、ついに四月の頭にノボシビルスクを発った。グラフ先生と一緒に空港へ向かったのは夕方のことで、まだ雪に埋もれたシベリアの大地に接するように見える空が赤く輝いていた。僕は車の中でこの光景を見つめながら、ロシアでのさまざまな体験が思い出されて、なぜだか涙が止まらなかった。この滞在以来、僕はまだロシアの土を踏んではいない。今でもロシアを故郷の一つと思いながら、再訪できずにすごしていることに不甲斐ない思いでいる。

第3章

北米を攻める

北米のモグラたちを追って

テネシー州のモグラ調査

初めての海外進出

弘前大学大学院理学研究科の修士課程では、日本に生息する二種のヒミズ類、ヒメヒミズ（*Dymecodon pilirostris*）とヒミズ、そして本州の山地に生息する珍しいモグラであるミズラモグラ（*Euroscaptor mizura*）の核型比較を研究テーマとしていた。これによってわかったことはヒミズ類二種の核型はひじょうに相同性が高く、そしてその核型の概観は、日本のモグラ類よりも、イェイツほか（Yates *et al.*, 1976）が報告した北米に生息するモグラのグループに近いというものであった。そして北米には第三のヒミズ類であるアメリカヒミズ（*Neurotrichus gibbsii*）が生息していた。そのため「修士課程を終えてからいつかこれらの北米の種を網羅的に核型分析する」ことがちょっとした夢であった。

名古屋大学の博士課程に入学して、意外と早くこの調査を実現するきっかけは訪れた。僕のところに子安先生経由で届いたメールがその始まりであった。送り主はアメリカテネシー州のバンダービルト大学にいるケネス・カタニアさんで、彼は北米のモグラ類のアイマー器官について研究をしている学者である。アイマー器官とは、モグラの鼻先に特異的に見られる感覚受容器官で、皮膚表面下に静脈洞が発達して微細な振動も感じとる触覚装置となっているものだ。モグラの鼻先には直径約〇・五ミリメートルほどのこの装置が表面を覆いつくすように存在している。その最たるものはホシバナモグラ（*Condylura cristata*）

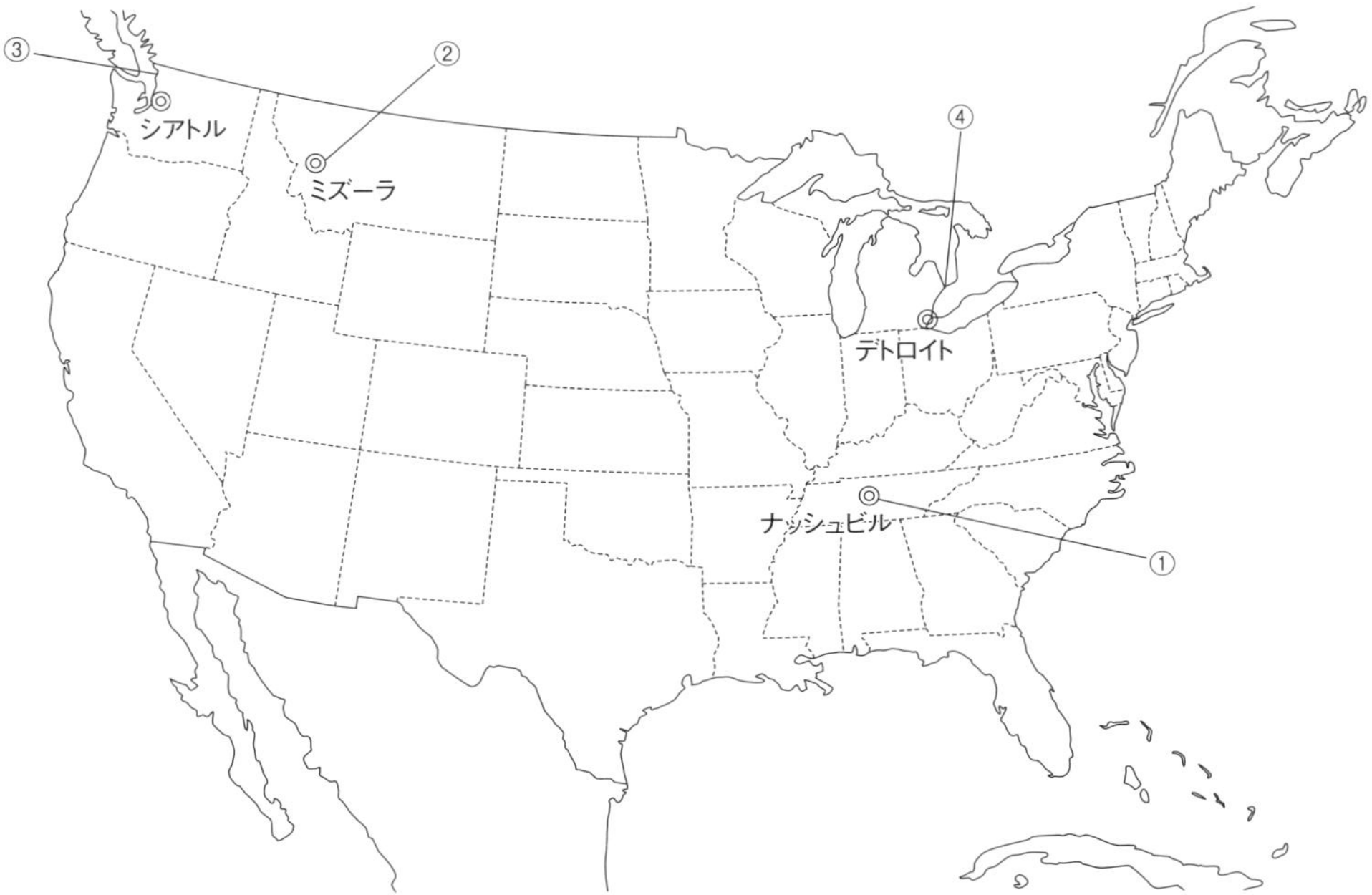

図３・１　北米での調査地．①ナッシュビル市内（1999年５月26-31日）トウブモグラを採集．②モンタナ州立大学（2001年６月14-20日）アメリカ哺乳類学会に参加．③バーチベイ（2001年６月21-25日）アメリカヒミズとヒメセイブモグラを採集．④ダグラス湖畔（2001年９月10-16日）ホシバナモグラを採集，目的はブラリナトガリネズミ．

で、この種がカタニアさんのメインの研究材料である。現在世界中のモグラのアイマー器官を比較分析しているとのことで、日本のモグラとヒミズのサンプルを提供してくれないかということであった。

僕はその連絡を受けとってすぐに返事を書いた。この頃はまだ博士課程に入って初年度ということで、それまでに海外の研究者との交流をまったく経験したこともなく、英語の手紙の書き方が書いてあるマニュアル本を読みながら、さまざまな言い回しを勉強しつつ書いたのを記憶している。僕は手紙に自分の染色体研究についても書き、いつかチャンスが得られたら北米のモグラ類も調べてみたい、ということを書き添えた。すると、僕が提供したサンプルのお礼に、標本や染色体研究用のサンプルを送ってくれるとのことで、ホシバナモグラの標本までいただけることになり、僕は小躍りであった。そして染色体のサンプル採取の方法と培養液が入った容器を同包して、サンプル採取の説明書を添えて彼に送った。しばらくして標本と染色体の組織サンプルが届いた。標本の方はみごとな液浸標本で今も大切に保管しているが、染色体サンプルの方は残念ながらカビが混入していて、使い物にならなかった。すでに書いたように染色体のサンプリングは少しのほこりが入っても保存に支障をきたすため、ちょっとしたコツが必要なのだ。これだけは自分で採取するほかないようだ。

カタニアさんにサンプルが使えなかったことをメールで伝えると、彼にとってもとても申し訳ないことだったようで、「チャンスを得られたならば、ぜひ一度モグラを捕りに来てください」、という内容が返信として書かれていた。

そして前章で書いたように、僕は翌年ロシアへ留学することとなり、その前にどこかで海外経験をつんでおきたいと思ったのだが、そのはじめての海外進出がテネシー州ナッシュビルでのモグラ捕りと相成った。織田先生に相談したところ、「ぜひ一度行って来い、お金は何とかしてやる」、といった返事で誠にありがたいお言葉であった。僕は一九九九年五月二六日にはじめて海外へと飛び立った。

カタニアさんとホシバナモグラ

ナッシュビルはカントリーミュージックのふるさとと言われるアメリカ南部の町で、メキシコ系の移民が多く、ちょっとラテンな雰囲気である。町にはライブカフェが散在し、真昼から音楽が生演奏で流れる。いい雰囲気の町だ。さてナッシュビル空港に到着した僕はカタニアさんに出迎えられ、まずは彼の所属するバンダービルト大学へ向かった（写真３・１）。彼の研究室は医学系ということもあり空調管理などが僕がこれまで経験してきた大学のさまとはまったくレベルが違うようすだったが、その中の一室にモグラを飼育しているのだからおもしろい。カタニアさんはホシバナモグラを複数飼育しており、その行動観察からどのように外部刺激を脳で知覚しているか、といったことまで幅広く研究していた。飼育室

写真３・１　バンダービルト大学はおどろくほど近代的な建物であった．

写真3・2　カタニアさんのホシバナモグラの飼育のようす.

図3・2　雑誌『nature』の表紙をかざったホシバナモグラの鼻.

に入れてもらうと、大きなゴミバケツと衣装ケースがプラスチックの管でつながっているのが見えた。そして衣装ケースの中には水がたまっていた。カタニアさんと大学に向かう途中に釣具屋で購入した大量のミミズをこの衣装ケースの水の中に入れてやると、しばらくしてゴミバケツの方からプラスチックチューブを通って動物がやってきた。これがはじめてみるホシバナモグラであった。

ホシバナモグラは漢字で書けば「星鼻土竜」となる。その名のとおり、鼻の周りに左右各一一本の突起が伸びており、正面から見ると星のような形になっている。ホシバナモグラはこの鼻の突起を駆使して餌を探すのだそうだ。カタニアさんの論文によれば、ホシバナモグラの鼻にはおよそ三万個ものアイマー器官が分布していて、このような鼻の形になったのは、できるだけ多くのアイマー器官を効率よく装着するために、表面積を増やす方向へ自然選択が作用した結果なのだという（Catania *et al.*, 1993）。中心から放射状に開く突起のおかげで、ホシバナモグラはかなり正確に餌がある方向を知ることができるらしい。そして突起の先端に餌物質が触れてから口に入れるまでの時間は「あっ」という間だという。この短時間で鼻の一番下にある太めの突起により餌物質が食べられるものか最終確認することや、脳内に鼻部分に対する刺激に反応する領域がとても広い面積にわたっていて、ホシバナモグラが鼻で得た刺激をひじょうに重要な感覚としていることも、彼の研究により明らかになっている（図３・２）。

トウブモグラの捕獲へ

翌日から僕たちは早速モグラの捕獲に出かけることにした。ここで狙うのはホシバナモグラではなくトウブモグラ（*Scalopus aquaticus*）という種である。ホシバナモグラはテネシー州よりずっと北へ行かなければ分布していないのだ。カタニアさんが僕を連れて行ってくれたのはナッシュビル郊外にあるゴルフ場だった。途中のホームセンターで、彼は何に使用するのか、たくさんの細長い木の棒を購入した。これを彼はみごとに使用して、じょうずにモグラを捕獲するというのである。ゴルフ場の職員にはどうやら彼は顔なじみのようであった。おそらくゴルフコースにモグラが土を持ち上げたりした時には、彼がモグラを捕まえてあげているのだろう。僕が設楽町でやってきたことと同じである。顔なじみなどころか、ゴルフ場の事務所からカートを一台借りてきて、これに乗りながらモグラを捕ろうという。とてものんびりした楽な調査である。

カートに乗り込んだ僕たちはゴルフ場を巡回し、モグラのトンネルがある場所をチェックし始めた。するとそこここにモグラのトンネルがある。これは簡単に材料が得られそうである。そしてカタニアさんは彼の驚くべき技を披露した。彼がモグラを捕るのに使うのは、途中で購入した「スティック」であるという。これを三〇センチメートル位の長さに切って、モグラのトンネルのあちこちに差し込み始めた。手持ちの数十本のスティックを地面に差し込んだ時、「後は待つだけだね」、と彼は言った。そしてカートを運転しながら、それまでにスティックを差し込んだ場所を回っていく（写真3・3）。

ある時カタニアさんは突然カートを止め、手持ちのスコップを持って走りだした。そして数秒後にがかがみこんだと思ったら、すでに一匹のトウブモグラが彼の手の中にあったのだ（写真3・4）。「スティックがね、動いたんだよ」と言う。なるほど、彼はモグラのトンネルに障害物となるスティックを埋めてい

写真3・3　ゴルフコースに散見するトウブモグラの塚.

写真3・4　カタニアさんに捕獲された，頭に白班をもつトウブモグラ.

き、モグラが邪魔なそれらを押しのけようとしているのを見逃さず、そこにいるモグラを掘り起こすという技をやってのけたのだ。ともあれ一匹目の捕獲と彼の技にダイエットコークで乾杯した。彼はこの日と翌日で合計五個体の生きたトウブモグラを捕獲した。僕はというと手持ちのワナを使って三個体だけの成果であった。彼の技は生きているモグラが捕れるという点でも、また確実にモグラを捕獲するという点でも優れているといえる。

そして染色体観察へ

僕はトウブモグラ八個体をカタニアさんの研究室で解剖させてもらい、各個体の尾椎をできるだけ無菌的な操作をしながら培養液に保存していった。この方法は日本にいた頃に教えてもらったもので、約一週間程度ならば、常温でも保存可能だという。個体を仮剥製標本と七〇パーセントのエタノールにつけて液浸標本として、僕のアメリカでの仕事は三日程度で片づいてしまった。カタニアさんは僕の残りの滞在のために、彼の友人と映画を見に行こうと誘ってくれた。ちょうど日本で公開前の「スターウォーズ・エピソードⅠ」を公開中とのことで、僕たちはそれを見に行った。字幕なしで映画を見るのもはじめての経験だった。カタニアさんの友人は僕に「内容がわかったか？」と心配して聞いてくれた。「良くわからなかったんだけど……」と回答すると、「顔に模様がある奴、あいつが悪い奴なの」とのこと、「うん、それは良くわかったよ」と笑いながら答えた。カタニアさんは友人の家で行われたホームパーティにも僕を招待してくれた。昼すぎからビールとテキーラマルガリータを飲みながらいろいろな方と話をして、英会話の勉強をするのはロシア留学前の僕には良い経験となった。

さて、六月四日に帰国した僕は、早速実験室へこもって、持ち帰ったサンプルの培養を行うことにした。ところがやはりまだサンプリングの技術が未熟であったためか、いくつかのサンプルが入った培養液は黄色く変色しており、どうやら雑菌が混入していて使い物にならなかった。残りのサンプルは大丈夫なようで、僕はそれらを組織培養の措置を行って、二週間ほど培養した。そしてなんとか染色体を観察することができた。トウブモグラの染色体数はかつてアメリカのイェイツほかが発表したとおり三四本で、その核型は彼らの論文（Yates *et al.*, 1976）にあるとおり、日本のヒミズにきわめて類似したものであった（図3・3）。残念ながらこの時の培養はそれほど順調ではなく、見えた染色体像もそれほど多くない。このデータは後に博士論文のデータとして使用することになったが、まだ投稿論文として発表していない。いずれにしてもはじめての海外のモグラの染色体を観察でき、それが日本のヒミズに似たものであったことに僕は感動した。そしてアメリカ産の他の種を分析する必要性を強く感じ、更なる調査を展開していくこととなったのである。

図3・3　トウブモグラの核型．上はふつうに染色したもので，下はG-バンドしたもの．

ワシントン州でのモグラ捕獲

海外の学会にかこつけての調査

二度目のアメリカ調査は僕がはじめて国外の学会に参加する機会にあわせて計画された。二〇〇一年の夏にモンタナ州のモンタナ州立大学でアメリカ哺乳類学会の大会が行われ、僕はこの学会で、ロシアで調べてきたアルタイモグラの染色体に関する研究成果を発表することにした。英語圏の学会で話すとなると準備がたいへんである。スライド作成はそれほど苦労はなかったが、なにしろ英会話の基礎的な教育を受けていない。しかもロシアでの生活はあったが、海外経験が乏しい僕にとって、英語で自分の研究成果を発表するなど、はっきり言うと不可能に近いことと思えた。しかし、これもいつかは通る道と考え、無謀にも口頭発表でやることを決意した。僕は英語でのプレゼンテーションについて解説した本を何冊も買いあさり、「最初は Can you hear me? とか尋ねるのだな」と今思えば必要とも思えない知識を得るのに必死であった。

アルタイモグラの染色体研究について発表しようと思ったのには、少し前まで生活していたロシアでの最新の成果ということで、アメリカのモグラ類とアルタイモグラの染色体の関係性が過去に誤解されていたことを改めるべくという理由があったが、もしかしたら僕の発表を見た方がアメリカのモグラ類の染色体についても調べる扉を開いてくれるかと期待してのことであった。アメリカ産モグラ科についても、まだまだ核型分析をしっかりとやる必要はあるのだ。

せっかくアメリカに行くのだからフィールド調査もやってしまおうということで、僕はこの頃までにメールなどで標本交換の連絡をしていた、カナダのマニトバ大学にいるケビン・キャンベルさん（以降 ケビン）に連絡をとってみた。すると彼は学会には参加しないが、アメリカ西海岸でアメリカヒミズを捕獲したいので、ぜひ一緒にやろう、と言ってくれた。そしてカークスビル大学のオリン・モック教授（以降 モックさん）も仲間に加えて、モンタナでの学会の後にワシントン州へ移動してセイブモグラとアメリカヒミズの採集をやろうということになった。

採集の予定は決まったのでさておき、学会発表がうまくやれるか心配でまいっていた。英語で口頭発表とは相変わらず無茶をしたなと思いながらもなんとか準備を進めて、発表原稿を用意し、アメリカに旅立ったのは二〇〇一年六月一四日のことであった。

アメリカ哺乳類学会にて

モンタナ州のミズーラは美しい町だった（写真3・5）。モンタナ州立大学は山々に囲まれたのどかな場所にある。僕は大学の宿舎を予約していたので荷物を運び込み、もう発表なんてどうにでもなれ、とのんびり町を歩いたり、大学の正面にある小高い丘へ小トレッキングに出たりしてすごしていた。見晴らしのいい山道を歩いていくと、見たこともないような蝶が舞い、また時々草むらから立ち上がって顔をだすジリスの仲間を見ながらの楽しい休暇といったところだった（写真3・6）。丘の上まで来ると周囲が見

写真３・５　大学の裏山から望むモンタナ州立大学.

写真３・６　穴から出てきたジリスの一種.

渡せて気分は爽快である。一日歩いて宿舎に戻ると、また発表のことが頭に浮かび、しかたなく買ってきたターキーのハムやセロリをかじりながら、赤ワインを飲んで気持ちのいい気分で寝てしまった。発表の心労を減らす作戦である。

学会会場で受付を終えて、今度は大学構内を散策。アメリカの大学はこんなに広々としたキャンパスなのだなと感心しながら辺りを見てまわった。そしていよいよ学会が始まる。初日の基調講演ではコウモリ類の染色体進化に関する研究で著名なロバート・ベーカー博士が講演を行い、話の内容がさっぱり理解できいないままに終わってしまったことに無念の意を感じた。スライドの文字を読めばなんとか何を言おうとしているのかは理解できなくもないが、いずれにしてもふがいないものである。論文でしか名前を知らなかった先生方がたくさんいるという事実に、自分がこの場にいてはならないような恥ずかしさを感じていた。懇親会の時に僕がトイレに行った際には、隣の便器にこわもての髭を生やした大男が並んだ。恐る恐る名札を見てみると、「Terry L. Yates」とある。テリー・イェイツといえば、すでにこの本で名前が登場したように、アメリカのモグラ研究のみならず哺乳類学の分野では有名な先

写真３・７　イェイツ博士（中央）との記念写真．左はモグラの分子系統の篠原明男君．国際哺乳類学会にて．

生で、アメリカ産モグラ科の染色体に関してもいくつか業績がある方だ。なんと、この方がイェイツ先生か！　とびっくりしながらも、僕は一言も声をかけることができなかった。なんと情けない……。後のことであるが、二〇〇五年に札幌で行われた国際哺乳類学会では、僕はシンポジウムを企画するほどまともな研究者らしく成長していた。この時にイェイツ先生に再会することができ、シンポジウムへの参加をお願いしたところ、彼は快く参加してくださり、多数の興味ある示唆を与えてくれた。そしてイェイツ先生は二〇〇七年の一二月に五七歳という若さでなくなってしまわれた。残念なことである（写真3・7）。

さて、いよいよ僕の発表の日となると、もう腹は据わっていた。僕は必死で原稿を読んでいこうとするが、どうにもスライドを見たり聴衆の方を見たりしていると、話がおぼつかない。最後まで話し終えるとほっとした反面、自分の英語力のなさに情けなさがこみ上げてきた。座長の先生が質問をくださり、これになんとか思いつく単語で回答したところ、最後に聴衆から拍手が送られた。染色体の研究などやっているアジア人の学生がここまで来て良くやったもんだ、といった拍手だったのだろうか、アメリカの人の優しさを体感した思い出である。

調査への頭の切り替え

期間中、学会に参加しているというモックさんを探し、ようやく彼のポスターの前で見つけて話をすることができた。モックさんは織田先生との共同研究もやってこられた方で、食虫類の実験動物学をメインテーマの一つとしていた。学会後に彼の車でワシントン州のシアトル付近にあるという彼の友人の別荘ま

写真３・８　アメリカ - カナダ国境の公園で見つけたモグラ塚（矢印）.

で行こうということに決まり、僕の心は採集モードへと切り替わった。

ミズーラの町を朝出発してまっすぐな道をひたすら西へと向かうとワシントン州へ入る。今回調査を行うのはシアトルの北にある海岸沿いの町、バーチ・ベイという場所である。ほぼカナダとの国境に近い町で、到着してケビンと合流し、すぐに国境まで北上したところ、公園の芝生にモグラ塚を発見した（写真３・８）。どうやらこの辺りではどこにでもモグラはいるのだそうだ。ベースキャンプとなるのはモックさんの友人であるガードナー夫妻の海に面した別荘である。ガードナー氏が所有するクルーザーの一室に僕は寝泊りしながら、毎日モグラを捕ることになるのだそうな。なんとなく贅沢な調査旅行である。

早速調査の開始である。僕は別荘から歩いていける距離を散策してみた。すると別荘地の庭や空き地にあるわあるわ、たくさんのモグラのトンネルが見られた。これなら簡単、あっという間にモグラの方は片づきそうである。問題

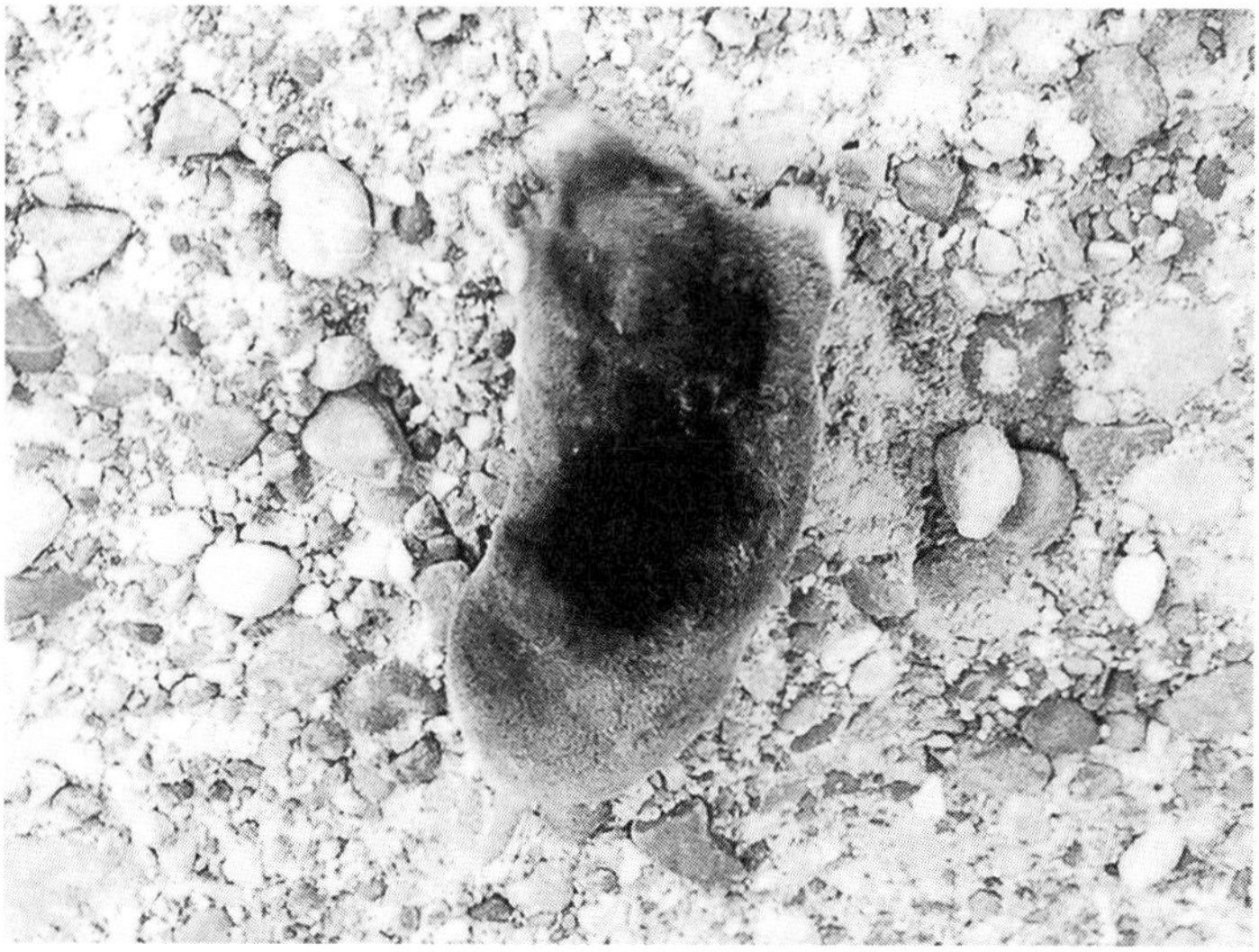

写真３・９　生け捕りしたヒメセイブモグラ.

写真３・10　生け捕りしたアメリカヒミズ.

はヒミズだった。ケビンの話では山間の森に入らないとヒミズはいないという。日本と同じような環境に棲んでいるのだろう。そこで僕たちは別荘から少しはなれた山まで車で行き、持参したシャーマン式ワナをすべて仕掛けていった。環境は広葉樹林で林床の落葉の堆積は多く、また倒木がゴロゴロしていて良さそうな場所である。なんとかなるのではないかと期待が高まった。

翌日、モグラの方の成績は良好で、複数のモグラを捕獲することができた。ここで捕獲したモグラはヒメセイブモグラ（*Scapanus orarius* 写真3・9）といい、英語ではCoast moleという。つまりカイガンモグラであるが、まさに海岸付近で捕まえたのだからおもしろい。僕はじゅうぶんな標本を得ることができて満足だった。ところがアメリカヒミズの方はうまくいかない。シャーマン式ワナで捕獲できたものは大小二種のトガリネズミばかりで、ヒミズは一向にかかる気配がなかった。そこでケビンが一つ提案をした。「アメリカヒミズはシャーマン式ワナにはかかりにくいので、落とし穴を掘ろう」とのことである。どうやら彼の経験では落とし穴の方がヒミズの捕獲はうまくいくのだそうだ。そこで僕たちはミルク缶をたくさん用意して、それを倒木に沿って埋めていった。そして翌日の見回りで、見事アメリカヒミズを一個体捕獲することに成功したのである（写真3・10）。

ヒメセイブモグラを調べる

ヒメセイブモグラは外見はモグラそのものなのだが、頭骨の形態はかなり異なっている。一番大きな違いは、このモグラの歯列に見られる。日本を含むユーラシア大陸に生息するモグラ類の歯列は、上顎では

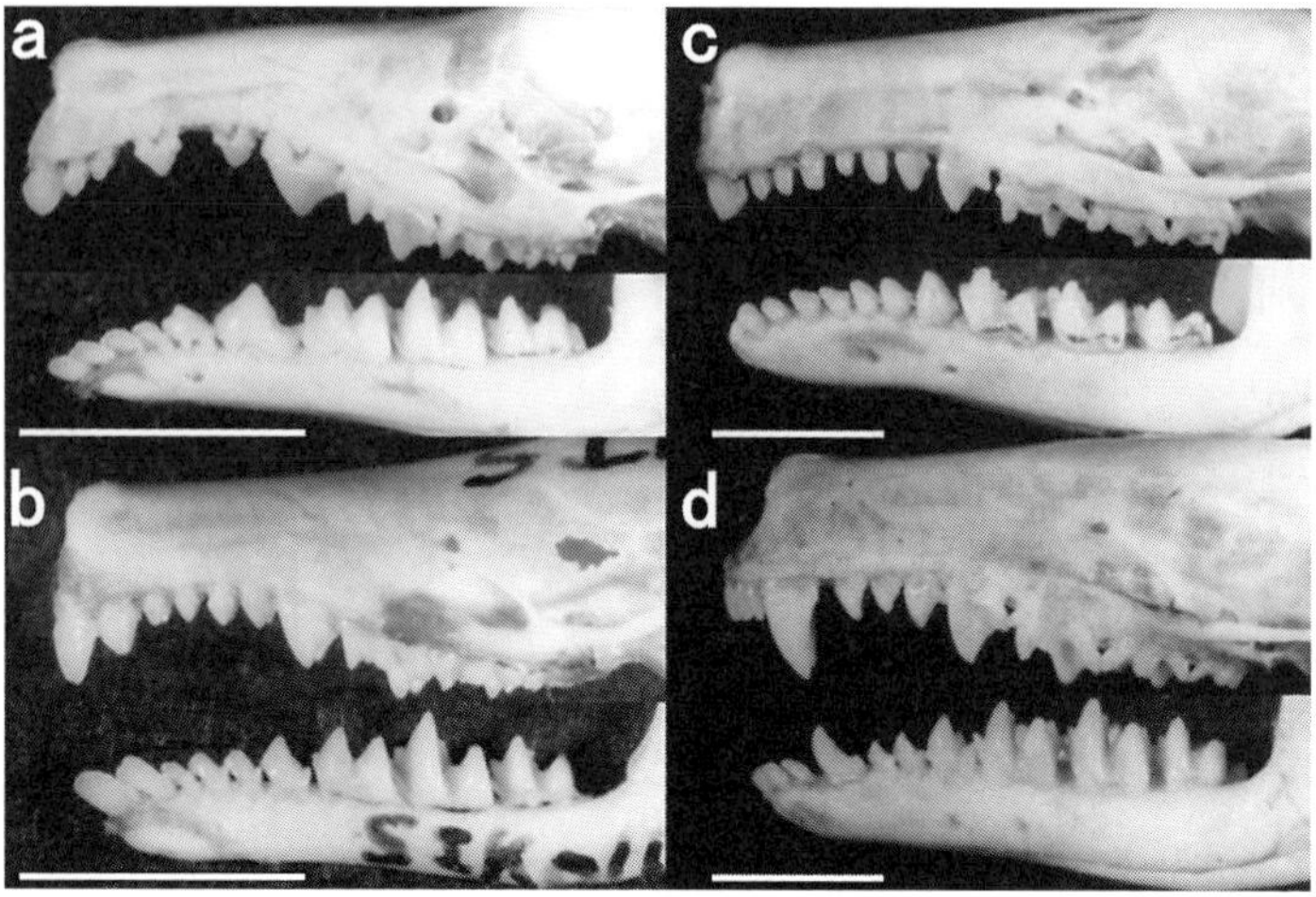

図3・4　歯列の比較図. a) アメリカヒミズ, b) ヒメヒミズ, c) ヒメセイブモグラ, d) アズマモグラ.

三本の小さい切歯と一本の長く伸張した犬歯、四本の単純な形をした小臼歯（とくに第四小臼歯は大きい）と三本の複雑な形をした大臼歯からなる。ところがヒメセイブモグラをはじめとするアメリカ産のモグラ類は、第一切歯がひじょうに大きくとがった歯となっており、その後ろに続く第二切歯から第三小臼歯まではひじょうに小さな歯である。この特徴は日本の種ではモグラ類よりもヒミズ類に類似している（図3・4）。そのためかつてはヒミズ類とアメリカモグラ類をまとめてヒミズ亜科 Scalopinae として扱われることもあった。また外部形態の特徴としては、鼻腔が吻の上面に開く点が日本のモグラ類とは異なっている。僕が生け捕りにしたヒメセイブモグラはこれらに加えてもう一つおもしろい特徴を示した。僕がワナからはずしてつかんだところ、とても甲高い声で「ヴィーヴィー」と発声したのである。ヒミズ類は同じように驚かせると「ヴィッ」と声を上げる。ここまで似ていれば同じグループにまとめるという意見に賛成したくなるところであるが、宮崎大学の篠原明男さんが調べた分子系統の結果では、やはりこれらは単系統としてまとまるものではなく、別々のグループとして独立して進化してきたものらしい（Shinohara *et al.*, 2003）。

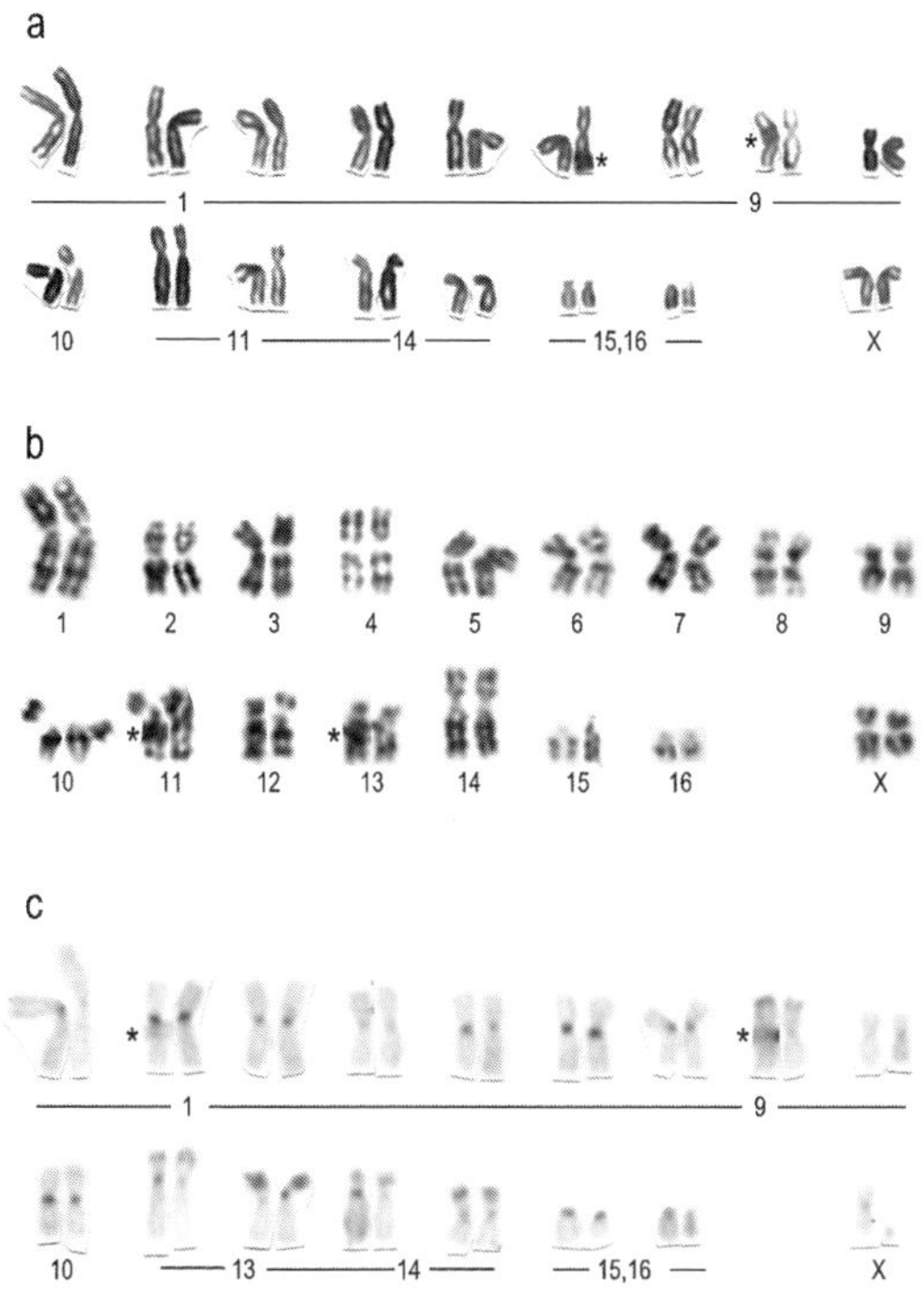

図３・５　ヒメセイブモグラの核型．上から通常染色，G-バンド，C-バンド．

さて、僕がこの種で見てみたかったのは核型である。セイブモグラ属の別の種では染色体数が三四本であることが知られているのだが、この種に関しては報告がなされていなかった。日本に持ち帰ったサンプルを培養して、分析した結果、ヒメセイブモグラの染色体数はやはり三四本で、核型の特徴としては、一対の大型メタセントリック染色体をもつ点が確認できた（図３・５）。この形質はトウブモグラで観察したものにも見られる特徴だった。すでに第二章のロシア編（四八頁参照）で書いたように、これらの特徴は日本のヒミズに見られるもので、ユーラシア大陸のモグラ類とは大きく異なるものである。つまり染色体の面から見ても、ヒメセイブモグラはヒミズと類似した特徴を有することになる。僕はこの結果をこれら二つのグループが近い関係にあるのではなく、モグラ科の進化の過程で比較的古い段階に染色体数三四のタイプが出現し、それがこれらの二グループに維持されているのであろうと考えている。同じことは歯の特徴にも言えるのかもしれない（図3・4）。第一切歯が大型化しているモグラ科のメンバーとしては、デスマン類も同様であり、さらにかなり形は異なるが食虫類の中でもトガリネズミ科に共通している。つまり原始的な形質と考えることができるだろう。おそらくユーラシア大陸のモグラ類はこれらよりもずっと特殊化を遂げたグループであると考えられよう。

アメリカヒミズを調べる

一方でアメリカヒミズはどちらかというと日本のヒメヒミズに似た印象をもつ種で、尾が比較的長く小型である。この種の染色体数は一九六〇年代にすでに明らかにされており、三八本の染色体をもつといわれている。ところが、他の種との核型比較はこれまでに行われたことがなく、僕は日本産ヒミズ・ヒメヒミズの核型との違いを見てみたかった。僕が核型を調べたところ、過去の報告にあるとおり染色体数は三八本であることが確認できた（図3・6）。しかもこの種にはヒミズ類と北米のモグラ類を特徴づけると思われる、大型メタセントリック染色体が見られなかった。染色体の数や形態は進化の過程で変化するものであるから、アメリカヒミズの核型がどのような変化を経て三八本という特殊な数になったのかをG-バンド法を使って追跡しようと試みた。ところがほとんどの染色体のバンドパターンは本種にきわめて独特なもので、日本のヒミズやトウブモグラ、ヒメセイブモグラといった種との相同性を見出すことができなかった。つまりアメリカヒミズは、日本産ヒミズ類（およびアメリカモグラ類）とも核型の形態を異にする、独特なグループである可能性がでてきたのである。

僕はここまで調べてみて、第四のヒミズ類の核型についていつか分析したいと思うにいたった。ヒミズ類は世界に四種いて、日本の二種とアメリカヒミズを調べたら、後は中国のシナヒミズ（*Scaptonyx fusicaudus*）ですべてを比較できたことになる。僕のこの思いは後に実現することとなる（第四章参照）。

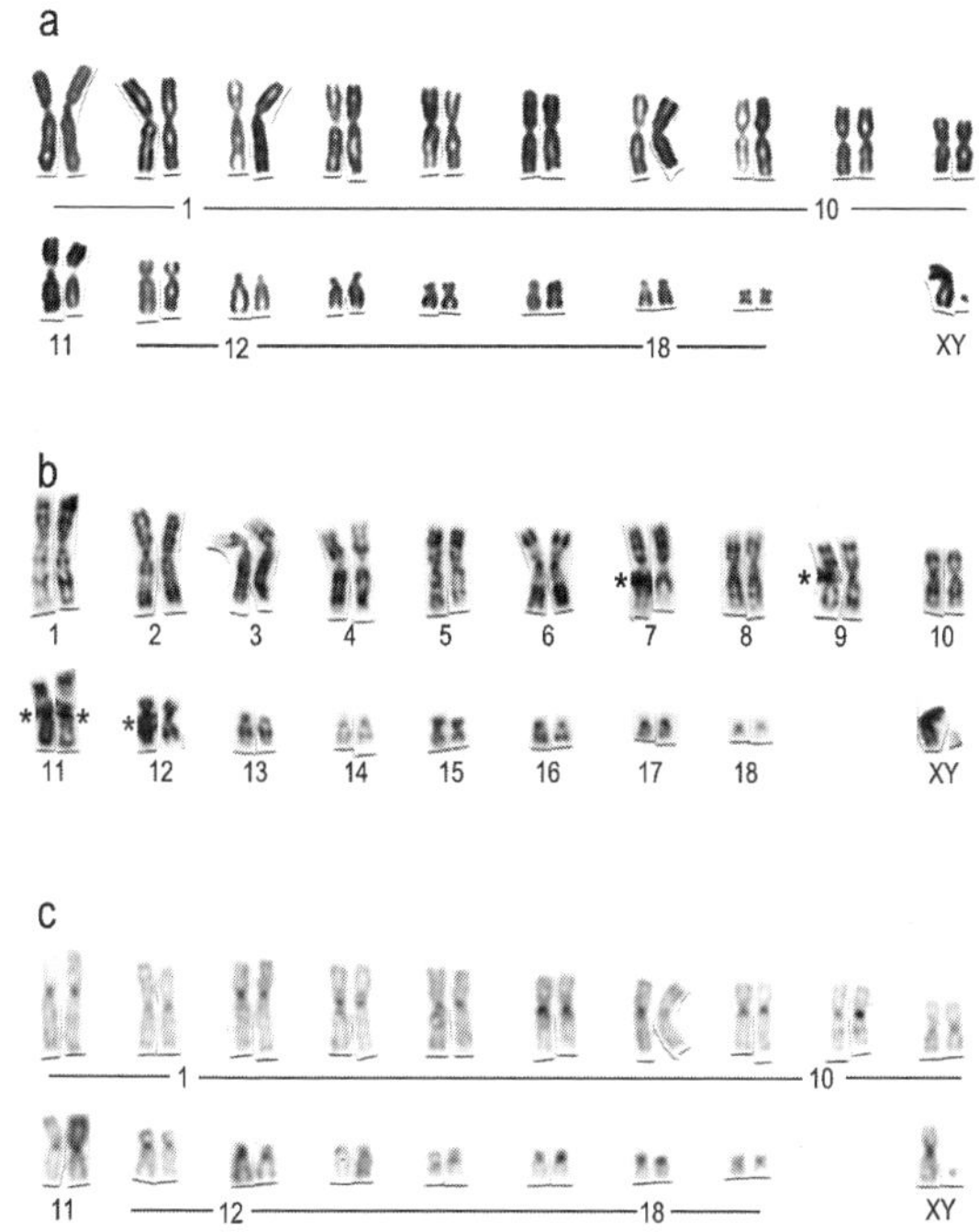

図３・６　アメリカヒミズの核型．上から通常染色，G-バンド，C-バンド．

ミシガン州でのモグラ捕獲

ひじょうに魅惑的なモグラ

北米には世にも奇妙なモグラが生息している。ペンシルバニア州から北はカナダの五大湖周辺まで分布しているこのモグラの名はホシバナモグラである。このモグラは、鼻の周りに左右それぞれ一一本の肉質の突起をもつというモグラで、すでに本章（七一頁）で紹介したとおりである（図3・2）。モグラ研究者としてこのモグラをぜひ捕まえたいと思うのは当然である。僕はすでにカタニアさんのところでこのモグラの生きている姿を見せてもらっていたが、この手に取ってじっくりと見たいと思っていた。

そのチャンスはシアトルでの調査から帰国してすぐに訪れた。名古屋大学の理学部化学科で生物の毒を研究していた北　将樹さんから、「ブラリナトガリネズミという動物の捕獲に協力してほしい」という依頼を人づてにいただいたのである。ブラリナトガリネズミは食虫目トガリネズミ科に属する頭胴長一一センチメートル、尾長三センチメートル弱の北米東部産の種で、その唾液に毒物質が含まれることで有名である。古い文献では、この小動物にかまれると、咬傷《こうしょう》から唾液が進入してひどい陣痛を伴う炎症を起こす、と書かれている。ブラリナトガリネズミの毒は、自分よりもじゃっかん大きめの動物を麻痺させて餌として利用するために存在するようである。

この調査で行く予定とされていたのは、アメリカのミシガン州である。ここにはホシバナモグラも生息している。なぜ行かないわけがあろうか。僕は二〇〇一年九月一〇日にデトロイト乗換え、ミシガン行きのチケットを予約した。

出発の朝はおお慌てだった。僕は余裕をもって二時間前に空港に到着しようと考えていたら、途中の道路がかなりの渋滞、さらに追い討ちをかけるように北さんから「飛行機の出発時間が一時間早くなった」との電話があった。僕が小牧空港に到着したのは本当にぎりぎり、危ういところであった。僕たちは九月一〇日に出発したので、アメリカ着は日付変更線を飛び越えて同じ日となる。到着すると迎えに来てくれたミシガン大学のアシュレーさんの車で、まずはミシガン大学自然史博物館のフィリップ・マイア先生（以降　マイア先生）を訪問し、北さんが今回の調査でいろいろとお世話になる旨を伝えた。その内容から今回の調査はマイア先生との共同研究として企画されたものということを知り、僕はマイア先生に、「じつはホシバナモグラを捕まえたいのだが」と話したところ、「本当は許可が必要なのだが、うちの博物館が許可をもっているので、博物館として捕まえたことにして、それを永久にあなたに貸し出すということでいいだろう」とありがたい返答を下さった。これで僕はブラリナトガリネズミをじゅうぶん捕まえたらホシバナモグラに専念できそうだ。アシュレーさんと北さんと僕の三人は、調査地であるダグラス湖畔のミシガン大学附属生物調査施設へと車で移動した。

ブラリナトガリネズミは比較的大型のトガリネズミで、尾の長さは頭胴長の三分の一と短い。じつはこのトガリネズミは半地中性のライフスタイルに適応した種で、日本で言えばヒミズと同じニッチを占める動物である。ヒミズ型のライフスタイルをもつ動物がいないところには、別の分類群の動物が同じような

写真３・11　ブラリナトガリネズミの坑道に設置したシャーマン式ライブトラップ.

写真３・12　生け捕りしたブラリナトガリネズミ．卵を与えたところ食べていた.

ライフスタイルに進化するのだ。僕たちが採集場所に選択したのは、落葉松や広葉樹が優先する森林であったが、その落葉の堆積をどかしてみると、たくさんの小哺乳類の通路（溝のようなもの）が見られた。この状況は日本の温帯林でヒミズが作る通路にそっくりである（写真3・11）。どうやらブラリナトガリネズミの捕獲はヒミズと同じようなものでいけそうだ。ためしに通路に垂直になるように、燕麦《えんばく》やオートミールを入れたシャーマン式ワナを置いてみたところ、翌日には複数のブラリナトガリネズミが捕獲できた。その他にハタネズミの一種やシロアシマウスの一種が捕獲できたが、とくに後者は北米を代表するネズミということで、生きている姿を見れたことに感動であった（写真3・12）。

ホシバナモグラを捕獲せよ！

さて、じゅうぶんな数のブラリナトガリネズミが捕獲できた頃、僕はホシバナモグラを求めて森の中をさまよい始めたのだが、宿泊していたロッジに帰ってくると、何やら北さんはあわただしくアシュレイさんと連絡をとり合っていた。何が起こったのかと思うと、たいへんな事故が起こって空港が閉鎖されたとのことである。僕たちの耳にこのニュースが入ったのは九月一四日のことで、あの同時多発テロの三日後のことであった。インターネットなどの環境はあったが、森の中に住み込んでモグラやトガリネズミを捕まえていた僕たちには、連絡が届くのはかなり遅れていた。北さんがさらに情報を収集したところ、テロで飛行機が墜落して、空港が閉鎖状態であるということがわかった。僕たちはテレビもない環境にいたために、あのおぞましい旅客機がビルにぶつかるシーンも見ることはなかった。僕は恐ろしいことが起こったものだと思いながらも、考えてもしかたがないなということでホシバナモグラの捕獲に集中することにした。北さんは僕たちが帰国予定の三日後までに空港が再開するかどうかに気をもみ続けていたようだった。

さて、僕は調査地内をくまなく歩き回りながら、モグラのトンネルを探して回った。ホシバナモグラは水の中にもぐって餌を探す習性があるという変わったモグラである。きっと水がある近くにいるに違いない。そこで最初に探して回ったのは、流れが淀んだ泥炭地のような土質の土手であった。土手の斜面に浅いトンネルらしきものが見つかり、ワナを仕掛けたのだが、いっこうに反応がない。次にあたったのはきれいな沢で、ビーバーの作ったダムがそこここに見られる流水の近くである。ところがあたりを掘ってみてもトンネルは見あたらない。どうしようかと草むらに分け入ると、一箇所だけ地上に砂がもち上げられているのを見つけた。そこを掘ってみると、二〇センチメートルほどでモグラのものと思われるトンネルが開口した。もしかしてこれか？　すごく深いな、といぶかりながらもワナを設置してみた。ホシバナモグラは尾がひじょうに長い。モグラにとって長い尾はトンネル内での移動に邪魔となると言われている。そのため、僕の想像ではそれほど深いトンネルを掘る種ではないだろうと思っていた。

翌朝その場所を見回ると、ワナがはじけていた。喜び勇んで駆け寄ると、モグラはかかっていない。その代わりワナの筒一杯に砂がつめられていた。そしてワナの下には新しく作られたトンネルが見つかった。これはこのトンネルがモグラによって利用されているものである証拠だ。モグラはワナなど異物の存在をトンネル内に察知すると、どこからともなく土をもってきて、それを埋めたり地上に出したりする。こんな行動をするのはモグラに違いない。さて、この地域にはホシバナモグラの他に、僕がかつてナッシュビルで捕獲したトウブモグラが生息しているが、はたしてどちらのモグラであろうか。

ワナを仕掛けなおし、他の場所を見て回ることにしてその場を去った。そして昼すぎに再びワナを見に行くとまだ反応はない。僕はその付近の倒木に腰をかけて、しばらくワナを見守ることにした。モグラならきっと同じ場所を再び通ろうとするだろう。期待が高まる。三〇分ほど待った時、突然目の前でワナがはじけた。「やった！」と思いワナを取り上げると、尾の長いモグラがワイヤーに引っかかってもがいていた。ホシバナモグラである（写真3・13）。

写真３・13　ついにホシバナモグラを手にする．

僕の喜びようといったら文章に表現するのは難しいが。あの不思議な鼻をもつモグラを、ついにこの手にした。ワナからはずしたホシバナモグラはとても機敏に動き、二二本の触手で僕の手を探りながら逃げようとする。その時ホシバナモグラが僕の手に噛みついた。「痛いっ！」と思いながらも僕はそいつを放さなかった。ここであったが百年目、どうして逃がしたりしようものか。手からは血が出ていた。

ロッジに戻った僕を二人は歓迎してくれた。北さんはもちろん、アシュレーさんも生きているホシバナモグラを見るのははじめてなのだそうだ。バケツに入れてしばらく観察していたが、その動き方はモグラというよりもヒミズのような機敏さである。いつまでも生かしておきたかったが、僕の研究のためには標本にしてサンプルを採取する必要がある。残念な思いがあったが、その夜、僕は自分の実験に着手した。捕獲できた個体は一個体だけであったため、細心の注意を払いながらサンプルを採取して、標本を作製した。

不安な面持ちでの帰国

僕たちが動物を捕っている頃に起こったテロはどうやら思った以上に恐ろしいものであったらしい。フィールド調査が終わりに近づき、帰り支度をする頃も北さんとアシュレーさんは帰りの飛行機がぶじ飛ぶかどうかを心配していた。いよいよ出発という頃にようやく空港が開かれ、席も確保できたという知らせが北さんのところに届き、僕たちはひとまず安堵した。そしてダグラス湖畔の調査地からミシガン大学へと帰る途中に昼食のため立ち寄ったハンバーガーショップで、「戦争が始まる」と題されたテレビ番組がながされており、そこではじめて僕たちは旅客機が高層ビルへと突入していく、あのおぞましい映像を見たのだ。なんとこんな恐ろしいことが起こっているとは思いもよらなかった。ミシガン大学へ戻ってマイア教授にお礼をいい、いよいよ帰国の途についた。実際に空港でチェックインが終わるまでは、本当に帰国できるかどうか心配であったが、難なく僕たちは名古屋行きの飛行機に乗ることができた。

帰国して織田先生の研究室に「ただいまー」と顔をだすと、研究室のみんなが心配そうな顔で僕を迎えてくれた。織田先生は「ぜんぜん連絡がとれないから大学中が心配していた」とのこと。どうやらテロの前日にアメリカに行って、その後、森の中で動物を捕っていたわけだから、連絡のとりようもなく心配されていたようだ。僕は、そんなことより、「ほら」、とホシバナモグラの標本を取り出して捕まえた時の喜びを説明していった。

ホシバナモグラの染色体分析

設楽の実験室に戻ると、早速持ちかえったサンプルの分析を始めた。サンプルの状態は良く、培養は比較的順調に進みホシバナモグラ一個体の核型を調べることができた。染色体数は三四本だから、他のほとんどのアメリカ産モグラ類と同じである。そしてこれまでに述べてきたアメリカモグラ類の特徴である大型のメタセントリック染色体一対がこの種にも存在している（図3・7）。つまりアメリカのモグラ科ではアメリカヒミズをのぞいて、日本のヒミズを加えたグループがこの共通の核型の特徴をもっているのである。再び篠原さんの分子系統のデータをもちだすと、ホシバナモグラはモグラ科の進化において比較的早い時代に分岐したものであるらしい（Shinohara *et al.*, 2003）。また現在のホシバナモグラの分布は北米の一部に限られているが、化石の記録はポーランドからも知られている（Skoczén, 1976）。この状況はヒミズ類に関しても同様で、どうやら現在分布がきわめて局限されている種でもかつての分布は広く、また種数も多様だったことが想像できる。分岐のレベルから見ると族（tribe）で分類してもいいくらい古い時代に分かれたホシバナモグラとヒミズ類、アメリカモグラ類の間で核型に共通の特徴が見られることは、

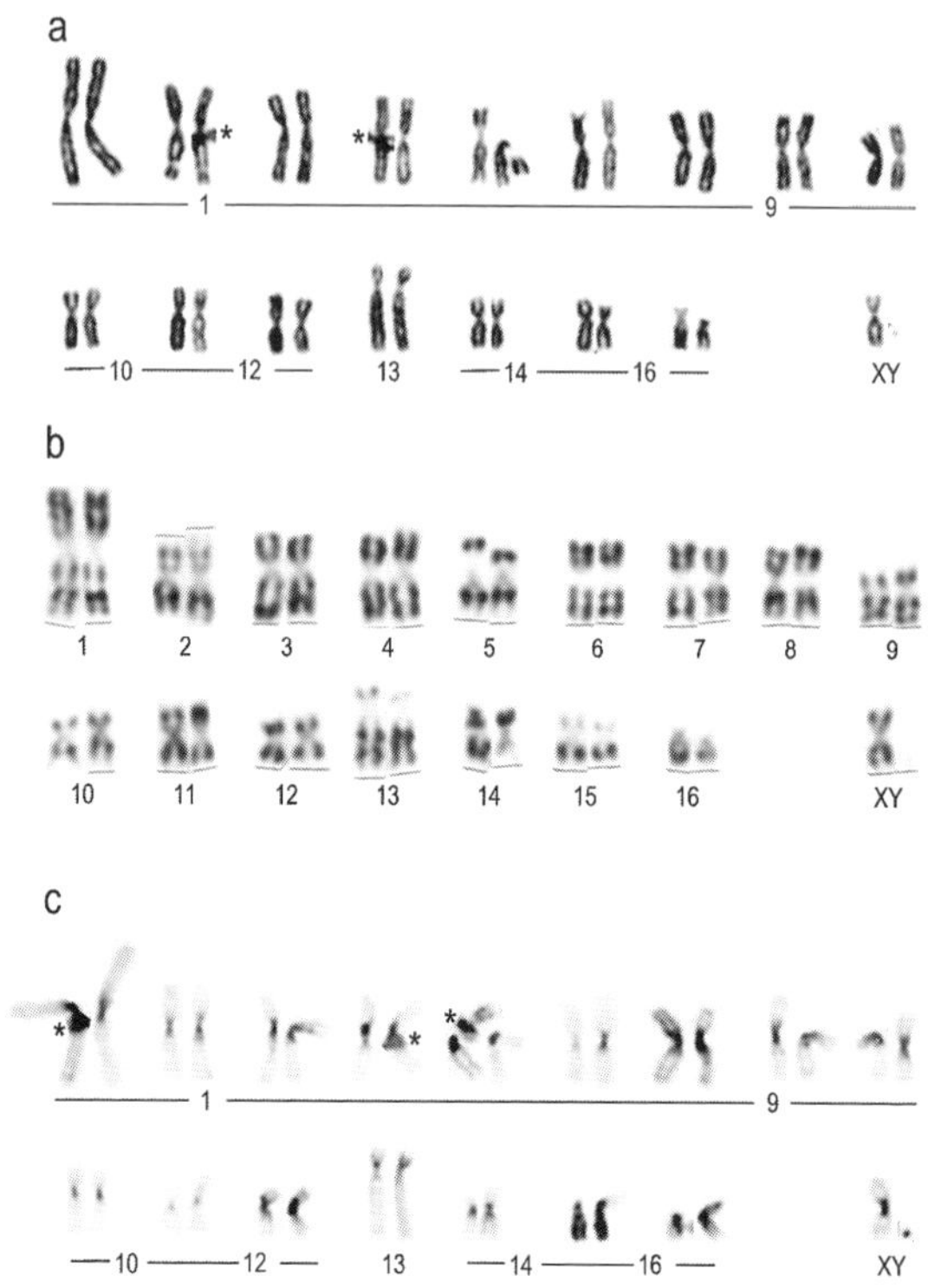

図３・７　ホシバナモグラの核型（上：ギムザ染色，中：G-バンド，下：C-バンド）．

この核型が祖先的な形質を意味するものであるのかもしれない。

アメリカのモグラ類に関する調査はほぼ属レベルのものを網羅した。じつは僕はまだもう一つの属に分類されるモグラヒミズ（*Parascalops breweri*）を調べていないが、この種の核型は古い文献で報告されており、やはり僕が調べたトウブモグラ・セイブモグラ・ホシバナモグラと似た特徴をもっていると言われている。僕はこの最後の属についてももう少し詳しく調べたいと、再び北米への調査に魅了されている。

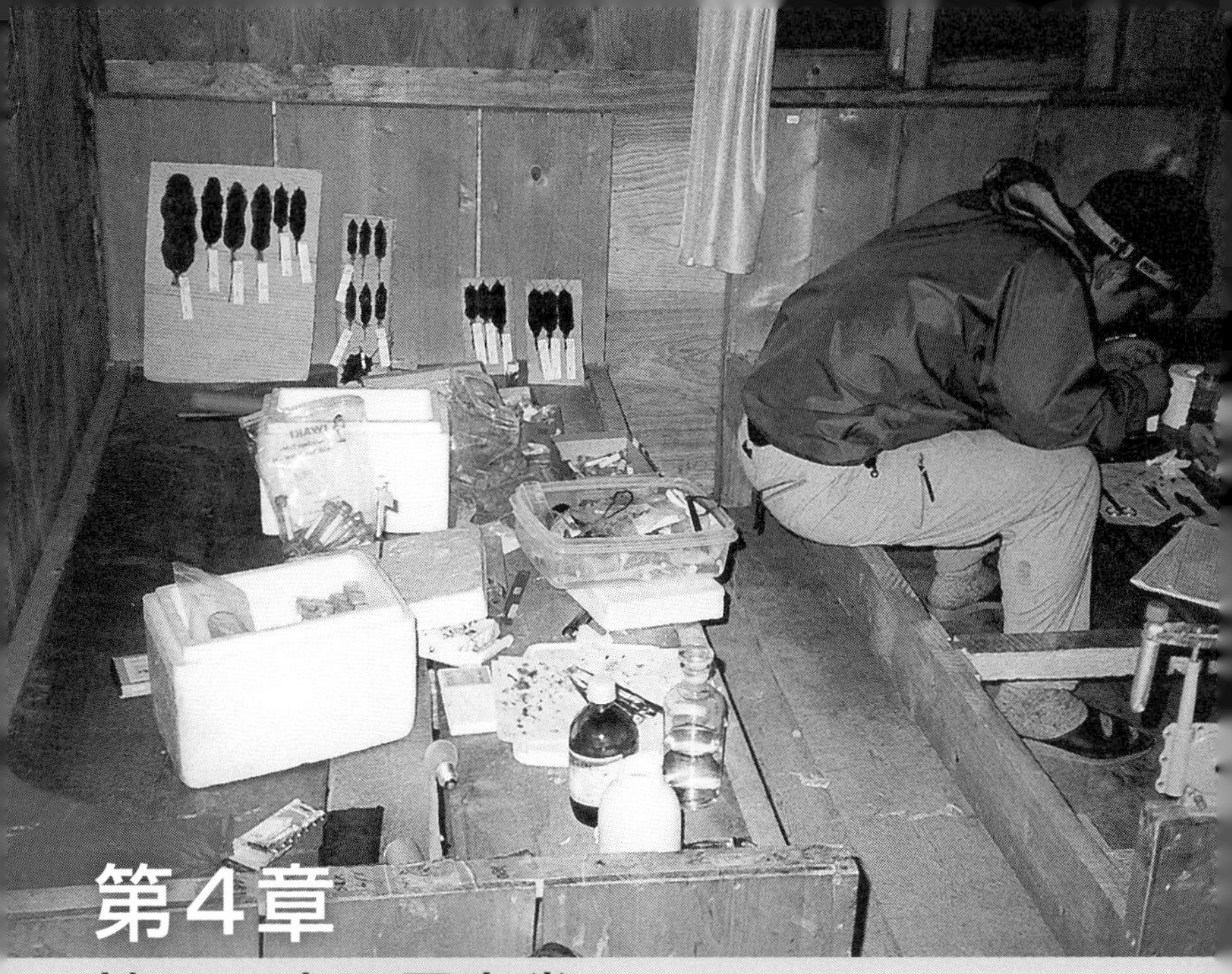

第4章

憧れの中国雲南省へ

もう一つのヒミズの話

ヒミズとは？

ヒミズという半地中性のモグラ科食虫類がいることは、ここまですでに書いてきた。日本に二種もいるこの小動物は、ちょっと動物好きの人ならば存在を知っているような動物なのだが、じつは日本以外では前章で紹介したアメリカ西海岸に帯状の分布をもつアメリカヒミズと、中国南西部からベトナム北部の限られた場所にしかいないシナヒミズだけという、謎の多い生き物だ。とくにヨーロッパの哺乳類研究者にとっては標本でしかお目にかかれないというものなのだから、これまでに研究が進んでいるのは、日本の種に関して国内の研究者が行ったものがほとんどである。アメリカヒミズに関しては、これまたアメリカの研究者により調査がなされているが、広い北米で分布域が限られたものであるために、材料の入手には困難が多いのだと思われる。

日本産のヒミズを最初に欧米に紹介したのは、シーボルトが江戸時代に捕獲した標本をオランダに送り、ライデン自然史博物館のテミンクが記載したのが始まりで、一八四二年のことである。生物学的な調査が進むようになるのは、戦後の日本のことであるから、発見から百年ほどは生態などの詳しい情報が得られず、この五〇年あまりでさまざまな知見が蓄積されたわけである。

中国のヒミズを最初にヨーロッパに伝えたのは、一八六〇〜七〇年代に中国に滞在したアルマン・ダビッド（以降ダビッド）というフランスの宣教師である。ダビッドは中国の北京周辺から四川省の山中にまで滞在し、ジャイアントパンダやシフゾウといった多くの中国固有の動物をフランスに紹介したことで知られる人物である。四川省ではこの有名な白黒のクマの他にも、たくさんの小動物を標本にして、フランスのパリ自然史博物館に送っていた。その中の一つにヒミズがあった。ダビッドが作成した標本は現在でも保管されており、僕はこれを二〇〇四年に観察してきたが、その剥製標本とそれを描いた銅版画（図4・1）を見るかぎりでは、この動物がヒミズ類のようには見えない。パリ自然史博物館のアルフォンス・ミルヌエドワルによって ***Scaptonyx fusicaudus*** と名づけられた動物は、英名では long-tailed mole（長い尾をもつモグラ）と呼ばれることとなり、それが現在でも標準名として定着している。誰がヒミズと思ったのか和名ではシナヒミズと呼ばれている種である。はたしてこの種はヒミズなのか、それともモグラなのか……。

図4・1　ミルヌエドワルの記載に見るシナヒミズの姿．とても日本のヒミズには似ていない．

僕は修士課程でヒミズとヒメヒミズの核型を分析し、その後アメリカヒミズの分析も実現することができ、第四の種となるシナヒミズの調査を夢見た。この謎の種の分類学的な位置づけを明確にしたいと思うにいたったのだ。そしてそのチャンスがついに到来した。二〇〇三年のことだが、僕は名古屋大学から農学の学位を取得した後、研究生として所属しながら設楽町にある身体障害者の療護施設で夜勤のアルバイトをし、細々と研究活動を続けていた。今考えても、僕がもっとも貧乏な生活を送っていた頃だった。その時分、藤原ナチュラルヒストリー財団から、四〇万円の研究費を助成していただけることになった。何とかこの研究費を生かして、いい研究成果をあげようと、僕は中国の研究者と連絡をとることにした。

雲南省への道

中国の雲南省にある昆明という都市に、昆明動物学研究所という中国科学院の研究所がある。この研究所の王 応祥（ワン・インシャン）教授と張 亚平（チャン・ヤーピン）教授はかつて日本の研究者と共同研究を行っており、二人が日本に滞在した折、僕が研究活動を行っていた設楽町にある織田先生の施設を訪問したことがあった。その時僕は彼らに「中国のモグラ科食虫類に関して、分類学的な研究をもっと進められないか」という提案をし、張先生とは僕が分析してきたモグラの話や、その頃設楽町で捕獲されたコウベモグラのアルビノ個体（一五頁コラム写真参照）について話していた。すると張先生は、アルビノの遺伝子について調査していたらしく、「その個体のDNAサンプルを提供してほしい」とのことで、僕は快くDNAサンプルを提供していた。そのような経緯もあってか今回の中国調査を思い立った時に両博士にメールをしたところ、僕が得た研究費の範囲内でフィールド調査を含めて、中国での実験に関するところまで受け入れてくださるとの返答を得ることができた。

じつは中国での動物調査については、いろいろと克服しなくてはならない問題が多い。まず中国からの標本の移動は禁止されているということだ。標本というのには、個体の剥製標本や頭骨標本だけでなく、染色体や遺伝子研究用のサンプルなども含まれる。その頃は染色体標本として作製されたプレパラートすら持ち出しは禁止という話だった。つまり滞在期間中に、動物個体の捕獲から染色体標本作成、そしてプ

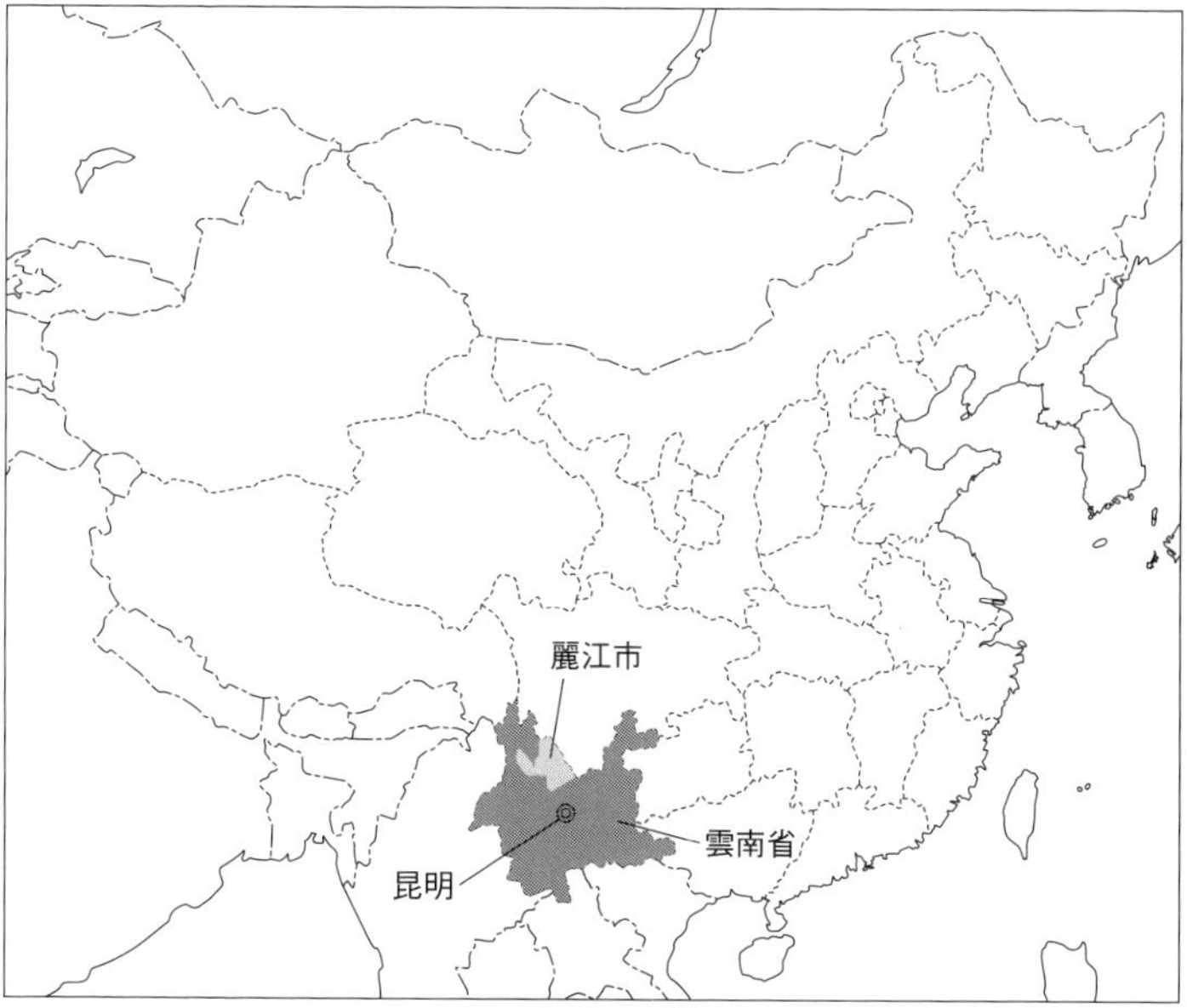

図4・2　中国での調査地.

レパラートをすべて顕微鏡で観察し、写真撮影してフィルムだけを持ち帰る、という形でやらなければどうも問題が生じるようである。そこで僕は個体を得るためのワナから染色体標本作成用の機器・試薬類、そして写真撮影の道具まですべてもって行くことにした。チャンスは一度だけである。確実を期するために、染色体標本は骨髄細胞と組織培養の二段構えでやることとし、事前に昆明動物研究所で培養の設備を利用できるかどうか、ということも問い合わせ、確認をとっておいた。捕獲にかかるフィールド調査がおよそ一〇日と想定されたため、培養の期間が二週間程度、完成したプレパラートを観察して写真撮影するための数日間も考慮して、一ヵ月程度の滞在で予定を組んだ。

せっかく中国で調査できるのだから、モグラ科以外の動物に関しても調査の機会をもちたいと思い、当時修士課程の二年生だった森部絢嗣君を同行させることにして、彼にも染色体標本の作成技術を教え込んだ。森部君は織田先生の研究室でトガリネズミ科食虫類の核型分析を研究テーマにする予定だったので、ちょうど良いパートナーである。僕は準備万端整えて、アルバイト先の身体障害者療護施設「キラリンとーぷ」の古川守夫所長に事情を話し、一ヵ月ちょっとの休暇をもらうことにした。古川所長は僕の立場にとても理解のある方で、僕が研究を続けるために学費と生活費を必要としていることや、少なからずきつい夜勤専門の仕事をやっていることも認めてくれていて、不在にすることを快く了解していただいた。

二〇〇二年一〇月二五日に関西国際空港から中国へ旅立った。広州経由で昆明に入るという経路である。

昆明動物学研究所にて

中国への空の旅には驚かされた。まず広州で飛行機が大幅に遅れ、到着が危ぶまれる恐れがあったのだ。何とか先方の研究所に連絡をとりながら、到着時刻の遅れを伝えようとするのだが、うまく伝わっているのやらどうやら心配だった。他の乗客も怒っていて、不穏な雰囲気である。そして広州から昆明への便に遅れながらも乗り込むと、この飛行機はなんと後方の座席では喫煙が可能という、今では考えられない便であった。僕はこれまでに機内でタバコを吸ったのはこの時だけで、こんな機会はもう一生ないのだろうと、新鮮な経験に喜んでいた。

翌日の夜中一時半頃、昆明へ到着した。きちんと到着時刻が伝わっているかどうか心配したが、空港の出口を出たところで問題なく研究所の方が僕たちを出迎えてくれた。おそらく中国では飛行機の遅れなどは日常茶飯事で、あちらの先生方が正確な到着時刻を調べてくれていたのだろうと思う。僕たちは一路車で研究所が手配してくれたホテルへ向かった。

昆明は常春の地だという。広い平野のような土地だが、標高は一八〇〇メートルほどもあり、しかしながら寒さを感じることはない。考えてみると、緯度で考えれば亜熱帯気候に属する場所である。そういった場所柄、年間を通じて気温の変化が少なく、すごしやすい気候なのだそうだ。

昆明動物学研究所に到着した時の感動も忘れられない（写真4・1）。ここは染色体研究においてひじょうに多くの研究成果を発表してきた研究所で、かつて所長であった施　立明（シ・リミン）博士の研究

写真４・１　昆明動物研究所にて記念撮影.

で知っていたのだ。とくにインドホエジカ（*Muntiacus muntjak*）という偶蹄目シカ科の動物の研究が有名で、この種が哺乳類でもっとも少ない染色体数（メス六本・オス七本）を保持し、それが近縁種であるシナホエジカ（*Muntiacus reevesi*）の四六本から染色体の融合によって劇的に数を減らしたという成果は、哺乳類の核型進化に関する話題でもっとも広く知られるものの一つである。まさにそういった研究がなされた場所で、僕が染色体を分析できるという機会を得られたことに感動していた。

まずは研究所の王教授に再会である。教授は僕のことを覚えてくださったようで、今回の調査実現に関してお礼を述べると、順調に調査が進むように祈願してくださった。王教授の研究室には僕たちを空港で出迎えてくれた李 林（リ・ソン）さんが所属しており、滞在中は彼が面倒を見てくれるとのことである。またフィールド調査には車の運転手を含めて数名が同行してくださるとのことで、調査への気合が入った。

翌日から早速われわれは十一時間以上車で移動し、麗江（リージャン）という町の辺りでフィールド調査を開始することとなった。調査地のことを詳しく聞くと、場所は老君山（ラオジュンシャン）という麗江から南西に入ったところで、標高は約四千メートルだという。僕はこれまでにそれほど標高が高い場所に行ったことはない。聞いただけでゾクゾクしてくるものがある。シナヒミズは標高が高い場所でしか記録がないことは良く知っていたので、願ってもない高標高地であった。そしてモグラ科としてはもっとも原始的で唯一地上生活をするミミヒミズの仲間もそこには生息しているらしい。これら二種が調査できれば、今回は万々歳である。

僕は王教授にこの研究所にある標本室を見せていただけるようお願いをした。調査へ出発する前に少しでも実物の標本を見ておこうと思ったのだ。シナヒミズの標本は欧米の博物館でも数は少ない。ところがさすが中国とあって、標本室には多数のシナヒミズの標本があった。そして予想通りであるが、シナヒミズの標本としての概観は日本のヒミズと大差ないものであった。いったい生きているシナヒミズの姿はどのようなものであろうか。いよいよ第四のヒミズ調査が始まる。楽しみでしかたがない。

その日の夕方からは歓迎のパーティを開いてくださった。中国といえばアルコール度数が高い白酒（バイチュー）が有名であるが、早速このお酒の洗礼を受けた。また四川に近い場所ということもあってか、食べ物はとても辛い。僕はこういったものに対する順応性も調査には必要な素養とわきまえている。無理をしてでも勧めは断らない。おかげさまで翌日はトイレが怖い。

いざ調査へ出動

一〇月二七日の朝九時、いよいよ調査に出発である。ここからは長い車の移動になる。移動の車は日本製のハイラックス・サーフだった。少々型の古いものではあるが、もっと良い車は別の調査隊が使用中とのことでしかたない。途中に大里（ダーリー）などの町に立ち寄り、食事をとって移動した。麗江に着いたのは夕方六時であった。麗江は現在では世界遺産として有名な町である。古いつくりの建物や街中にある水路のようすなどが、まるで京都にでもいるような気分にさせてくれる。

ここでわれわれは現地の案内人と合流することになった。彼の名は和　英天（フー・イェイティェン）といい、チベット人の方らしい。この地域の調査では必ず案内をお願いするのだそうだ。麗江の北には標高五五九六メートルの玉龍雪山（ユイロンシュエシャン）や有名な香格里拉（シャングリラ）など、生物調査のみならず観光名所としても魅力満載な場所が多数ある。これらの場所にも昆明動物研究所の皆さんはしばしば調査に行くのだという。和さんは僕たちを歓迎してくれた。この日はもう日が暮れるということで麗江で一泊することとなり、夕食に出かけることとなった。ここでもやはり辛い料理（望むところ）となったが、どんなに辛いものでも顔をしかめながら食べてしまう僕と森部君に和さんはたくましさを感じてくれたのだろうか、とても好意的でご機嫌なようすである。

翌日の朝から、いよいよ調査地へと山道を進んだ。麗江の町を出るとすぐに建物のようすも木造の古びたものばかりとなり、じきに険しい山道に入っていった。険しいというが並はずれたものである。そして急な斜面に面した道路にもガードレールなど勿論ない。日本の林道のように整備されたものではないので、たいへんな運転技術が必要とされる。ところが運転手はなれたもので、器用に道の窪みや出っ張りを避けながらどんどん走っていく。空気もどんどん冷たくなっていくのを肌で感じられる。そして数時間走って到着したのが、老君山の九十九龍潭管理所という場所であった（写真4・2）。驚いたことに山の頂上に近い場所に宿泊施設を備えた建物があるのだ。おそらく観光などで来る人が、ごく少数いるのだろう。ここで寝泊りしながら、動物の捕獲を行うことになった。

写真4・2　調査地の宿泊所となった九十九龍潭管理所.

この施設で働く人はみなチベット人だそうだ。電気は来ておらず、夕方暖をとるのは薪ストーブである。自家発電が用意されていて、夕方から数時間はこれで光を得ることができる。不便なように思われるかもしれないが、これほどの奥地の調査ともなればじゅうぶんな設備というところか、それよりも建物から少し裏山に入れば、みごとな亜寒帯樹林が広がっている。これならばワナの見回りも歩いてやれるし、おそらく施設周辺ですべてやるべきことはできるであろう。理想的な調査地である。

僕たちは荷物を部屋に収納すると早速辺りを歩きながら、ワナを設置する場所を吟味し始めた。周囲の環境は基本的にトドマツの仲

写真４・３　調査地周辺の風景.

間と思われる針葉樹林が優占しており、地面は苔むした岩場が多い（写真４・３）。森には多数の小沢が流れているというもので、まさにヒミズ類の捕獲には理想的とみえた。僕たちは早速大きな岩に沿ってプラスチックのコップを埋めて、落とし穴を掘っていった。もしヒミズやミミヒミズがいるならば、このやり方で間違いなく捕獲に成功するはずである。次に僕は地下性のモグラ類がここにいるのか調べるために、あちこちで土を掘り返していった。下調べしたところでは、中国のこの地域にはアッサムモグラ（*Parascaptor leucura*）というモグラが分布しているはずである。ところがモグラのトンネルと思われるものはまったく見つけることができなかった。どうやら標高が高すぎるのか、モグラはいないらしい。ちょっとがっかりであるが、ここではシナヒミズとミミヒミズを捕獲することに全力を尽くすことにした。李さんはネズミ類を捕獲するために「はじき「ワナ」をたくさん設置していた。もちろんこのワナにも食虫類がかかる可能性はある。ワナの設置が終わると、後は待つだけである。見回りが楽しみだ。

僕たちは施設に帰り、夕食をとることになった。和さんやこの施設を管理している皆さんは英語が話せないため、李さんが通訳をやってくれた。この地域の食べ物を食べ、飲み物を飲み、しだいに夜は更けていく。日が暮れると明かりはまったくなく真っ暗である。さて、いよいよ夜の見回りの時間となった。懐中電灯を片手にワナを設置した場所を回っていくと、いとも簡単にミミヒミズが落とし穴に落ちていた。しかも生きている！　感動の瞬間であった。

ミミヒミズというモグラ

さて、ここでミミヒミズについて解説しよう。ヒミズと名がつくが、じつはこの動物はヒミズとはまた異なるモグラ科の一員である。モグラ科のもっとも古い祖先は地上で生活をするネズミ型の動物であったと考えられており、このミミヒミズの仲間がその祖先的形態を維持しているといわれるのだ。モグラのように地下にトンネルを作るわけでもなく、またヒミズのように落ち葉の下などで生活するものとも異なり、完全な地上生活をすると考えられている。そのため前足は小さく、尾がひじょうに長い。一見ネズミのように見えるが、鼻先を見ると、口から吻部が長く伸びており、モグラ的でもある。

モグラ科の分子系統学的関係を研究している宮崎大学の篠原明男さんによると、ミミヒミズはやはりモグラ科の中でもっとも古い時代に分岐したことが示されており（Shinohara *et al.*, 2003）、モグラの祖先に

写真４・４　ホソミミヒミズ（*Nasilus gracilis*）.

近いと考えられるのである。ミミヒミズ類をミミヒミズ亜科としてまとめることが提唱されており、これには二属四種が含まれる（王、二〇〇三）。老君山で僕が捕獲したのはホソミミヒミズ（*Nasilus gracilis* 写真4・4）という種であることが後にわかった。ミミヒミズ亜科は中国雲南省と四川省およびミャンマーの山岳地域に分布しており、世界中でこの地域以外には現存していない。化石記録はモンゴルや北米の中新世の地層から発見されているため、かつてはより広い地域に分布していたものと思われる。つまり、現在残されている個体群は遺存的なものである。

世界中で中国南西部周辺にしかいないというのだから、捕獲した時の僕の喜びは想像していただけるだろうか。ミミヒミズは思ったよりも動きが鈍く、チョコチョコと小さな足で動き回るのだが、陸上でもそれほどすばしっこい移動は難しそうであった。体を縮めるとほぼ球体の毛玉のようになり、それにあまりに短すぎる前後肢がついている。尾の長さはからだの長さ(頭胴長)とそれほどかわらない。鼻先を小刻みに動かして行動する姿は、ヒミズやモグラと似ている。僕はこの姿と行動を写真や映像に残すことができたのだ。

標高四千メートルの実験室

調査二日目の朝にはさらに数個体のホソミミヒミズを捕獲した。ところがまだシナヒミズは捕れていなかった。この日は捕獲できた材料を用いて早速フィールドでの実験開始である。まず個体を計測し、腹部にハサミを入れて、毛皮を個体からはがしていく。毛皮をむいた肉と骨の部分からは大腿骨を取り出す。この骨の両端を削り取り、一〇ミリリットルの培養液を入れた注射器を骨の中腔に差し込んで、中を洗い流すようにしながら骨髄細胞を遠心管に採取していく。培養液にはコルセミドという細胞分裂阻害剤を一滴ほど入れて、腋の下で四〇分間保温しておく(この処理は短期培養と呼ばれる)。

この間に毛皮の処理を終わらせる。毛皮の内側には焼明礬《やきみょうばん》や樟脳《しょうのう》の粉末をまぶして処理し、毛皮の中に綿を入れて切開部を縫い合わせる。尾には削った竹ひごを入れておく。これで仮剥製標本の完成だ。残った体部のうち、尾椎は培養液中に保管する。この際雑菌が混入しないようにアルコール滅菌を怠らない。このサンプルはフィールド調査が終わったら、昆明動物研究所で培養を開始する。それまでは冷温で保管するのが望ましいのだが、この調査地の気温ならだいじょうぶそうだ。そしてさらに残りの部分は、捕獲場所、日付と識別番号を記入したラベルをくくりつけて、七〇パーセントエタノールに保管しておく。これも研究所についたら頭骨標本を作製する。

ちょうどこの辺りまで個体の処理が終わったところで、腋の下での培養処理が完了だ。標本を作って、個体の完全な保管処理までを三〇~四〇分で終わらせるのが理想的で、僕は後輩にも常々そのように指導している。仮剥製の作成は手間がかかる作業だが、慣れれば一五分くらいで一つ作れるようになる。フィールドではモグラだけでなく、ネズミ類なども多数捕獲され、それらすべてを毛皮の乾燥標本として保管するのが僕の流儀なので、一つひとつを処理するのにかける時間はできるだけ短縮するよう訓練してきた。

さて、短期培養が完了した試料は次の処理にまわす。ここからは液中に浮遊している細胞を集めては、別の液体に移して処理するという過程となる。この時利用するのが細胞を回収するために使う遠心機である（写真4・5）。通常の遠心機は電動のもので、また重量が重いため、僕は手回しで動く軽量のものを携帯している。丈夫な台に手回し遠心機をネジでとりつけ、遠心管を入れて、ひたすらハンドルを回し続ける。ふつうの電動遠心機を使用する場合は一五〇〇回転毎分で五分ほどかけるのだが、手回し遠心機ではこれほどの回転力は得られない。それでも三分ほど頑張れば、分析に必要な量の細胞は回収できる。

僕はこの手回し遠心機をいろいろなフィールドで活用してきたが、さすがに四千メートルの高地での作業は息が切れるものだった。やはり酸素が薄いのであろうか。そして集めた細胞が遠心管の底に溜っているのを確認し、上澄み液を廃棄する。次はそこに低張液を加えて攪拌し、腋の下で一八分処理を行う。処理後再度遠心を行い、次は固定液での処理を二回加える。この段階まで完了すれば、染色体標本は保管可能なものとなる。

フィールドでの一個体の処理はこのような感じで、個体が捕獲されるごとに行われる。そしてミミヒミ

写真４・５　愛用している手回し遠心器（右）．ばらせば小箱に入って持ち運びに便利．岩場に取り付けたところ（左）．

写真４・６　シナヒミズの本当の姿．

ズに少し遅れて三日目にシナヒミズが落とし穴にかかった。シナヒミズは標本からも想像していたとおり、外部形態は日本のヒミズとそう大差はなく、むしろ小型で尾がやや長めであったことから、ヒメヒミズに似ている印象だった（写真4・6）。

　僕たちは最終的にはフィールド調査の間にホソミミヒミズとシナヒミズをそれぞれ八個体と一三個体捕獲することができた。また同じ落とし穴にはベドフォードトガリネズミ（*Sorex cylindricauda*）とヒミズトガリネズミ（*Blarinella brevicauda*）も数個体捕獲することができ、これらは森部君の研究材料となった。李さんの方では多数のナキウサギの一種やヤチネズミ類が捕獲されていた。僕たちはこれらも標本作成した。

コラム　現地の皆さんに仕事が認められる

　老君山での調査は多数の個体に恵まれたはいいが、滞在中の朝の見回り後から夜中まで、標本作成などの作業が休む間もなく続いた。夜は二〇時頃になると自家発電がとめられて、暗闇のなかでヘッドライトとろうそくの灯りを頼りに作業することとなった。そういった僕たちの努力が認められたのだろうか、和さんはこの施設をとり仕切っている方に話をつけてくれて、通常は有料となる追加の発電を無料でサービスしてくれるようになった。喜んでいる僕たちに和さんは「電気がついたから早く仕事を終わらせて、一杯やろう」

ということを言っていたようだ。仕事がこうして認められることは、見知らぬ土地で調査をやった時に一番うれしいことである。

僕たちが仕事を終える夜中まで皆さんは起きていてくれ、その日の実験修了後、労をねぎらってくださった。この土地での夜のおつまみは、芋を輪切りにして薪ストーブで焼き、それに劇辛の唐辛子ペーストを塗りたくって食べるというものだった（写真）。疲れた体にこれは効く。またある時は施設の若者が小型のスズメバチの巣をとってきてくれた（彼は頭を刺されていた）。ハチは設楽町でも良く食べたが、ここでの食べ方は、ハチの巣板をそのまま伏せるようにして薪ストーブに載せて焼くというもので、驚かされた。またハチの子を巣から抜いたものも炒め物にしてくれた。こちらはたいへんな美味であった。これがなんとも白く濁った中国酒に合うのだから、こたえられない。中国ではカラオケが大人気のようで、この標高四千メートルの調査地にも置いてあった。僕は「北国の春」を歌って場を盛り上げ、またチベット人の祭りのお祝いにやるというダンスを教示してもらい、おおいに楽しい宴会だった。

写真　夜食を作ってくれた，和さんと施設の管理者．

そして老君山を後にする

一一月四日の朝、多くの成果をあげて僕たちはいよいよ老君山を後にすることとなった。いろいろと世話をしてくださった施設の皆さんに別れを告げ、再びひどい悪路を下って行った。その途中で施設の若者が薪を切っている場所にたどり着き、彼らにも挨拶をしようと立ち寄った。そのうち何人かは僕たちに中国将棋を教えてくれたり、お酒の飲み比べのようなことをやったりして仲良くなった若者である。握手を交わし、お世話になったと李さんに伝えてもらったところで、足元の土がぼこぼこと盛り上がっていることに気づいた。なんと、モグラのトンネルがそこここにあるではないか。標高はすでに数百メートルを下ったところで、すでに亜寒帯樹林というよりは温帯の広葉樹林となっていた。こんなところにモグラはいるのだな、と悔しい思いに駆られた。「李さん、何とかここに数時間いることはできないか」とお願いしたが、僕にあたえられた時間は十数分しかないようだった。僕はモグラのトンネルをつぶして、待ち伏せの体制に入ったが、結局この短い時間ではモグラはトンネルを掘り直すことはなかった。トンネルは指が二本ほどしか入らない小さなものである。おそらくここのモグラはアッサムモグラではなかろうかと思うが、証拠はない。僕のフィールドノートには「再び俺が来るまで、誰にも捕られるなよ！」と強い文字で書かれている。老君山再訪を誓った言葉である。

車は悪路を進み、やがて村に出た。そこで久しぶりのビールを一本飲んだ。大きな成果を得たという成功に乾杯だ。長いようで短かった一週間であった。麗江の町では和さんといよいよお別れだ。「本当にお世話になった」と、僕と森部君は涙した（写真4・7）。翌日、車は昆明をめざして麗江を出発した。さて、昆明に帰ってからはいよいよ組織培養の開始、そしてフィールドで調整した染色体標本の観察に入ることになる。ホソミミヒミズとシナヒミズ、はたしてこの二種の染色体数は何本なのだろうか。そして、これらの種は他のヒミズ類やモグラ科全体での関係がどのようになっているのだろうか。

写真4・7　老君山での調査を終えて和さん、李さんと.

昆明動物研究所での実験開始、ところが……

僕と森部君は動物研究所の王教授に調査の成果を報告し、これから染色体分析に入ることを伝えた。王教授は僕たちのために、染色体研究に必要な顕微鏡や、培養の環境がある実験室を与えてくれた。この部屋は現在ほとんど使う人がいないのか、時々年配の女性が顕微鏡を使っている程度で、ほとんど僕たちが独占することになった。王先生は、李さんにこれからは染色体も分析してほしいと考えているとのことで、僕に「彼に染色体分析の手技を教えるように」と言われた。喜んで引き受けることにした。といっても僕たちが実際に実験をしているようすを見せながら教えるといった感じだったが。

実験室を与えられたのは良かったが、いくつか問題があった。

まずCO_2インキュベータというCO_2濃度を調節できる培養槽がなかったことである。僕は染色体の研究で有名な研究所だから、設備はしっかりしたものと思っており、そこまで事前に聞いていなかった。僕たちがもってきた培養シャーレはこの機械がなければ使用できない。そこで王教授に相談したところ、CO_2インキュベータがある別の実験室へ案内してくれた。ところがそこを使うことは許可されず、困っていたところに張先生が助け舟をだしてくれた。シャーレしかないのならば、フタつきの培養フラスコを僕たちに使わせてくれるというのである。これには助かった。培養にはCO_2濃度を五パーセントに調整するのが理想的なのだが、完全に培養容器を封鎖して空気の出入りをなくしても不可能ではない。ありがたくフラスコを使用させていただき、閉鎖培養で実験を行うことにした（写真4・8）。

次に困ったことは、倒立顕微鏡という培養の容器を底の側から観察するための装置がない、ということだった。これは培養を開始してから細胞が増殖していくようすを確認するために使用するのだが、その機械がない。しかたなく僕はふつうの生物顕微鏡で見ようとしたのだが、これだと焦点距離が遠すぎてうまく見ることができなかった。そこでフラスコをさかさまにしてみたところ、うまくピントを合わせることができることがわかった。この方法はシャーレを用いた培養では、培養液が漏れてしまうためできないのだが、これも張先生にいただいた培養フラスコのおかげで何とかなったわけである。

さらに実験室には滅菌操作には不可欠な設備である、クリーンベンチがなかった。クリーンベンチとは外部からの雑菌などが混入しないように実験台が壁に仕切られたもので、手だけを入れて実験操作を行うというものである。この実験室にあるのは、向こう側からフィルターを通した風が流れてくるテーブルだ

写真４・８　培養フラスコでいっぱいのインキュベーター.

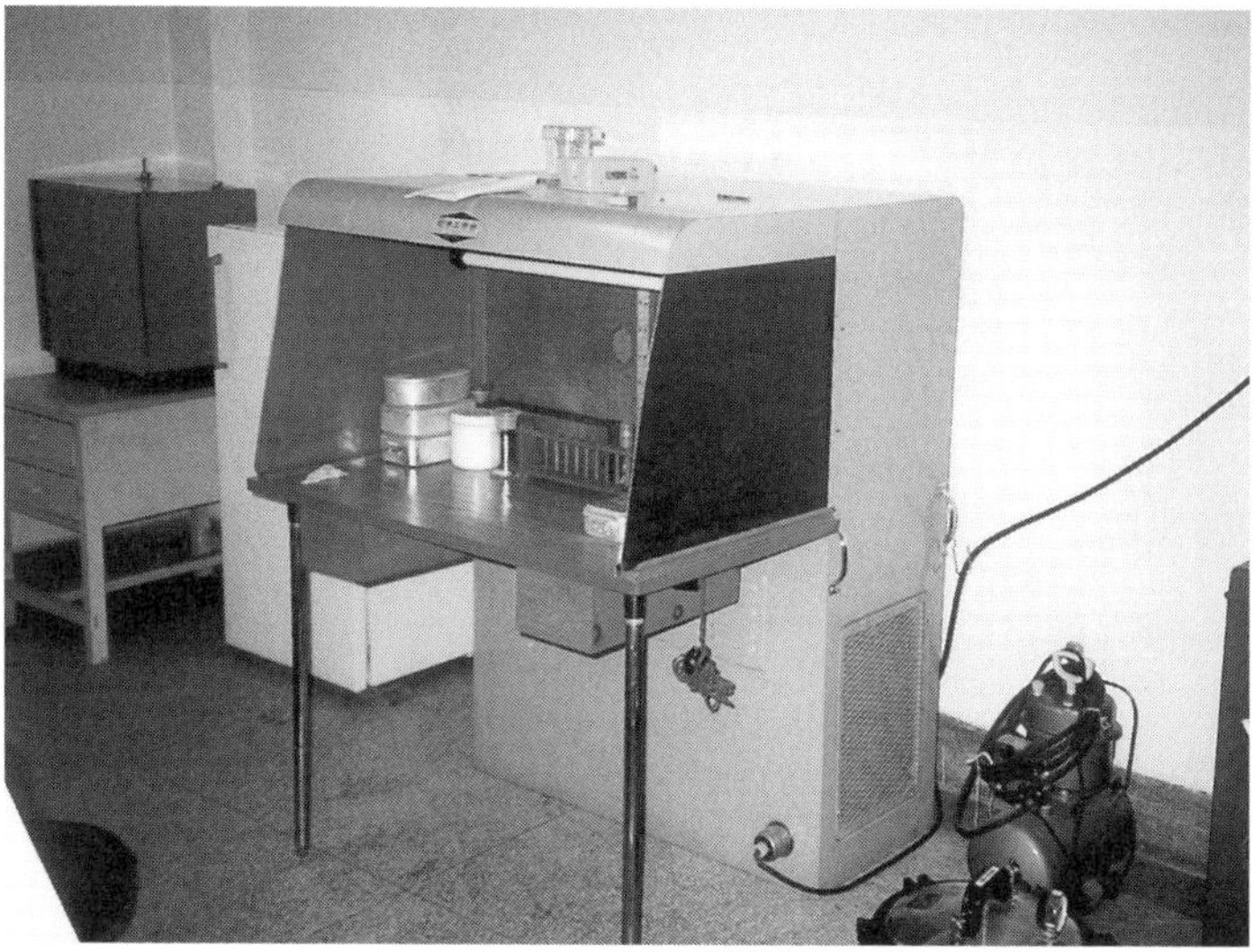

写真４・９　クリーンベンチのような装置.

けなのだ（写真4・9）。しかしこの点はそれほどの問題はない。僕が弘前大学で実験をしていたころは、特殊な装置もない滅菌室で培養操作を行っていた経験があったからである。滅菌操作は環境というよりも慣れに成否を負う場合が多い。かろうじて僕たちが使用した実験室には、天井にきちんと滅菌灯がつけられていた。手作りのアルコールランプを使用したり、こまめに器具を滅菌するなどくふうをして、ぶじ培養の操作を行うことができた。時々この滅菌室で李さんがタバコを吸うのには絶句したものだったが……

染色体分析の開始

僕たちは早速老君山から持ち運んだ組織サンプルの培養を開始した。培養液の中に保管した組織を、一度滅菌した洗浄液で洗い、小さな組織片をそこから切り出してフラスコの底面に付着させる。軽く乾かしたところで培養液を入れて、培養槽に静置するところまでが初代培養の操作である。もし組織の保存状態が良好であれば、一週間ほどすると、組織片の周囲に繊維芽細胞という未分化な紡錘型の細胞の増殖が認められてくる。この段階で培養液を交換していくと、組織片から同心円状に細胞がコロニーを形成するようになる。ここでトリプシンという淡白分解酵素で処理して一度細胞を解離すると、フラスコの底面に均一に細胞が広がっていく。状態が良いところで、低張処理と固定を行えば、ひじょうに美しい染色体像を得ることができる。

僕は初代培養を開始してからの数日はフィールドで固定してきた骨髄細胞の観察に集中した。すると像はあまり良好ではないが、いくつか染色体を観察できるものがあった。興奮しながら染色体の数を数えてみると、ホソミミヒミズとシナヒミズの両方とも染色体数が三四であると読みとれた。像が悪いため確実なことはいえないが、シナヒミズの染色体構成（核型）は、どうやら日本のヒミズ二種に似ているもののようだった。これは組織培養の成果に期待が高まる。

そして得られた結果とは？

培養開始から二週間ほどたったころ、細胞の増殖具合は満足するものとなった。状態が良いフラスコから順番に染色体を固定していき、次々とギムザ染色、G-バンド染色、C-バンド染色と分析を進めていった。

まず、ホソミミヒミズの染色体数は三四本であることが間違いないものとなった（図4・3）。ミミヒミズ亜科の核型に関する報告はそれまでにまったくされていなかった。このグループは外形からは他のモグラ科と異なっているため、モグラ科でふつうに見られる数である三四と三六からかけ離れたものを想像していたのだが、期待はずれであった。ところがホソミミヒミズの核型は他のモグラ科とは明らかに異なる特徴がいくつか観察された。たとえばY染色体の形態であるが、他のモグラ科の種ではひじょうに微小な点状の染色体であったにもかかわらず、この種では明らかに腕が見える形のアクロセントリックの形態をもっていた。Y染色体は哺乳類の進化の過程でどんどん小型化していく傾向があるものである。そう考えると、モグラ科ではそれが極端に進んで不要な部分がどんどん削られていった結果として、点状の染色体となったと考えられるのだが、ホソミミヒミズのY染色体はこの過程があまり進まない段階にとどまっ

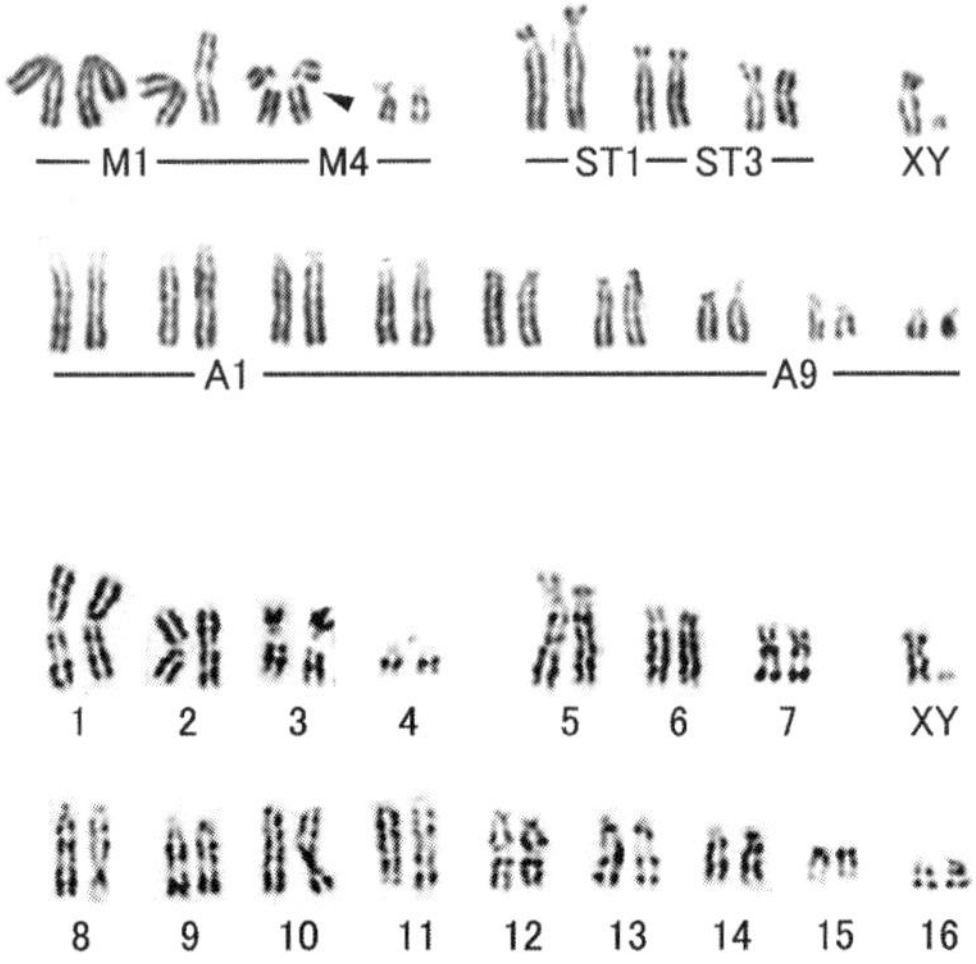

図４・３　ホソミミヒミズのギムザ核型（上）とG-バンド核型（下）．上図の矢頭は二次狭窄．

ていると考えられる。どうやらY染色体の形態は、この種がモグラ科の祖先から分化したとする分子系統学からの知見を支持するようである。

またモグラ科の核型の特徴として、一対だけ二次狭窄と呼ばれるギムザ染色では染まらない部分をもつ染色体があるのだが、この染色体の形態はすべての種で中程度のサイズのメタセントリック型であり、その短腕基部に存在していた。ところがホソミミヒミズでは、二次狭窄はサブメタセントリック染色体の長腕基部に見られるもので、これは他のモグラ科からこの種、あるいはミミヒミズというグループが逸脱していることを示していた。つまり外部形態の特徴やそのライフスタイル、また分子系統学のデータからミミヒミズ類の異質性が支持されてきたわけだが、染色体の分析からもこれを補強するデータが得られたことになる。これはちょっとした新知見だ（Kawada *et al.*, 2006a）。

ミミヒミズ類にはまだ染色体が未知な種が三種もある。しかしながらそれらの種をすべて調べつくすにはまだまだ時間がかかることであろう。

シナヒミズの染色体

さて、一方のシナヒミズである。この種はこれまでに頭骨の形質を用いた分岐分類の結果から、日本産のヒミズとは異なる位置づけがなされてきた（Motokawa, 2004）。核型はどうであろうか。じつはこの種の染色体数はやはり三四本で、日本のヒミズ類と同じであった（図4・4）。そしてG-バンド染色を行った核型を日本のヒミズ類と比較したところ、かなり高い相同性があることがわかった。「尾長モグラ（long tailed mole）」はやはり「シナヒミズ（Chinese shrew-mole）」だった。つまりれっきとしたヒミズの仲間だったのである。

僕はこの種をもって世界中に分布するすべてのヒミズ類を捕獲することができたわけである。現在ヒミズ類は三つの族 Urotrichini、Scaptonychini、Neurotrichini に分けられている。これは二〇〇五年の段階で出版された世界中の哺乳類のチェックリストである『Mammal Species of the World, 3rd edition』で示された見解である。これを書いたハッテラー博士はこの時アメリカヒミズを新しい族として扱うことを提唱した（Hutterer, 2005）。それまではアメリカヒミズは Urotrichini に加えられていたのだ。ところが僕が調べた結果を分類に反映するならば、ヒミズ・ヒメヒミズ・シナヒミズを Urotrichini として、アメリカヒミズのみを Neurotrichini とするのが正しいようである（Kawada *et al.*, 2008）。僕は染色体だけでこの話をするのには無理があるかと考え、これらの種の頭骨標本を見直してみることにした。するとアメリカヒミズは他のヒミズ類と比べて歯の形態にも違いがあることがわかった。頭骨を横から見ると、ヒミズ・ヒ

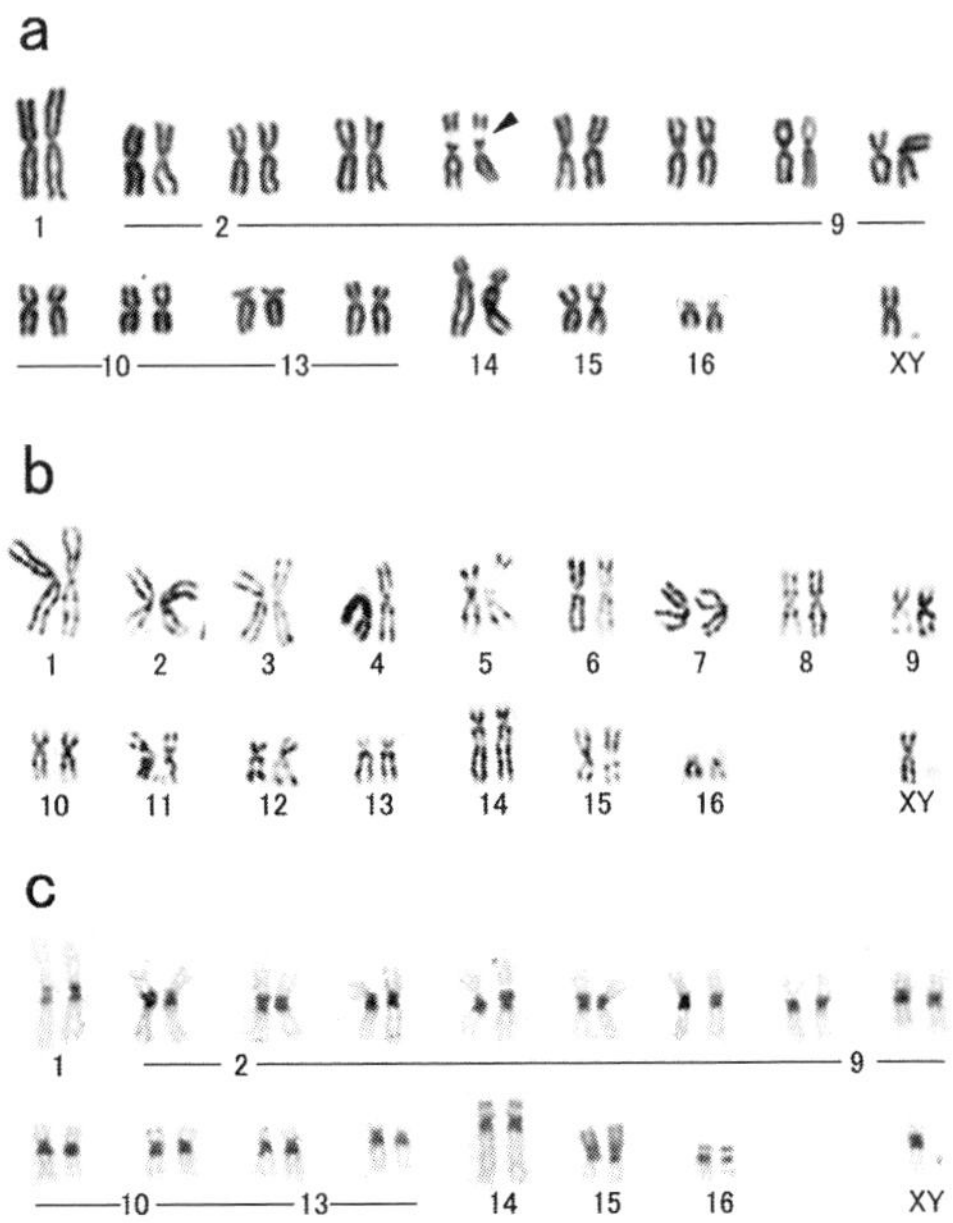

図4・4　シナヒミズのギムザ核型（a), G-バンド核型（b), C-バンド核型（c).

メヒミズ・シナヒミズの頭骨には小さな歯が隙間なく並び、奥に三つの大きな臼歯が並んでいる。ところがアメリカヒミズはというと、歯列には隙間が見られ、また前から四番目の歯は明らかに前後方向に長い歯になっている(図3・4)。この歯の特徴はヒミズよりもむしろモグラ類に近いものであるように思われ、歯根を二つもつ歯である。こういった特徴が見られたことは僕の見解を強く支持する。

このように考えると、現在のヒミズ類の分布はそのまま分類を反映したものとなる。ヒミズ類の進化を考えるならば、おそらくヒミズ類の祖先からまずアメリカヒミズが分岐し、本種に近い化石がヨーロッパから産出していることから考えると、かつてはヨーロッパから北米に広がっていたのではないかと思われる。一方で他の三種はアジアに起源をもつヒミズのグループである。日本のヒミズに近い化石はモンゴルで見つかっており、アジア系ヒミズ類は広くアジアに分布していた。ところがどういったわけかヒミズ類は北半球のほとんどの場所で絶滅してしまい、日本列島と中国の山地、そしてアメリカ西海岸に遺存的にとり残されてしまったらしい。

私見を述べると、ヒミズはあまりに中途半端なライフスタイルを選んでしまったがために、他のトガリネズミなどの食虫類との競合に負けてしまったのではないかと考えている。ヒミズがいない地域では、ひじょうに多くのトガリネズミ科食虫類が分布している。またその形態も地上性のものだけではなく、半地中性のヒミズと重なるニッチを占有するものも多数ある。同じことは地上性のミミヒミズに対しても言えるだろう。そう考えると、モグラ科はかつてもっと多様な生活をおくる種が世界中に生息していたのではなかろうか。そこを新参のトガリネズミ科によって多くの地域で侵略されてしまったのではないだろうか。モグラ科のうちでもっとも繁栄することに成功したのは、完全な地中生活をおくるモグラ類であったのだろう。逆に言えば、モグラはまさに土の中で生活することによって繁栄できたグループに違いないのだ。

第5章
未知のモグラを求めて、新種の発見

台湾でのフィールド調査

さまざまな顛末の発端

台湾への調査紀行は僕にとって一大転機であったと思う。さまざまな人々との出会いや研究の方向性は、台湾を経て確立された。最初は何気なく「台湾のモグラを捕ってみたい、染色体を調べてみたい」という好奇心から始まったのであるが、台湾の哺乳類研究史や博物館での標本調査、そして種の記載といった、それまでに体験したことがない研究を経験することになった。

二〇〇一年のことである。大阪市立大学の原田正史先生から「台湾のモグラを調べないか。旅費は工面しよう」とのありがたい申し出を受けた。台湾にはタカサゴモグラ（*Mogera insularis*）というモグラがいるのだが（写真5・1）、このモグラは染色体研究者の僕にとっては、もっとも古くに染色体数が解明されたモグラの一つであった。Tateishi（1938）によって調べられたタカサゴモグラの染色体数は三二本で、つまり日本のモグラと同属の別種であるにもかかわらず、染色体数が四本少ない。これは興味深い。日本のモグラとの染色体の関係がどのようになっているのかを調べたいと思っていた僕にとって、原田先生からの申し出は、これを実現する良い機会であった。僕は原田先生のお言葉に甘えて、調査に行くことにした。こうして僕のはじめての台湾行きが決まった。研究室のメンバーに話をすると、ヒメヒミズとヒミズの生態調査を研究テーマとしている野呂達哉さんが、自分も自費で行きたいのだが、と相談してきた。

野呂さんは爬虫類・両生類にも知識が豊富で、亜熱帯のさまざまな動物を観察したかったようだが、一番の目的は台湾の高地でヒミズ型の生活をするトガリネズミ科の一種、モグラジネズミ（*Anourosorex squamipes*）の生息環境に興味があったようだった。さらに当時琉球大学の学生だった城ヶ原貴通さんが、どこから聞きつけたのか、自分も参加したいという連絡をくれた。旅は道ずれ、仲間が多い方が調査も楽しめるだろうと、彼らとともに渡航することにした。

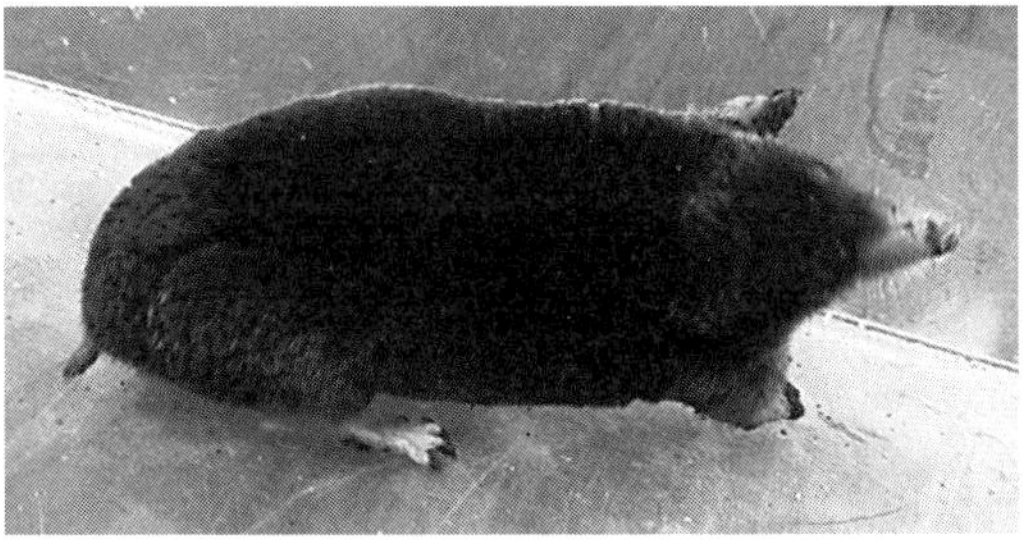
写真5・1　タカサゴモグラ.

台湾の共同研究者

台湾での調査には台湾東海大学の林　良恭（リン・リャンコン）先生がカウンターパートとしてお世話をしてくださることになった。林先生は古くから原田先生と共同研究を行っており、その縁で原田先生が彼を紹介してくれたわけである。そして林先生の研究室には押田龍夫さんがスタッフとして所属していた。押田さんは僕の弘前大学時代の遠い大先輩にあたり、学会などではいつもいろいろと相談にのっていただける方である。今回の調査についても、実験室など自由に利用するようにと、ありがたい連絡をいただいていた。

はじめての台湾上陸は二〇〇一年一一月一〇日のことだった。僕たちは

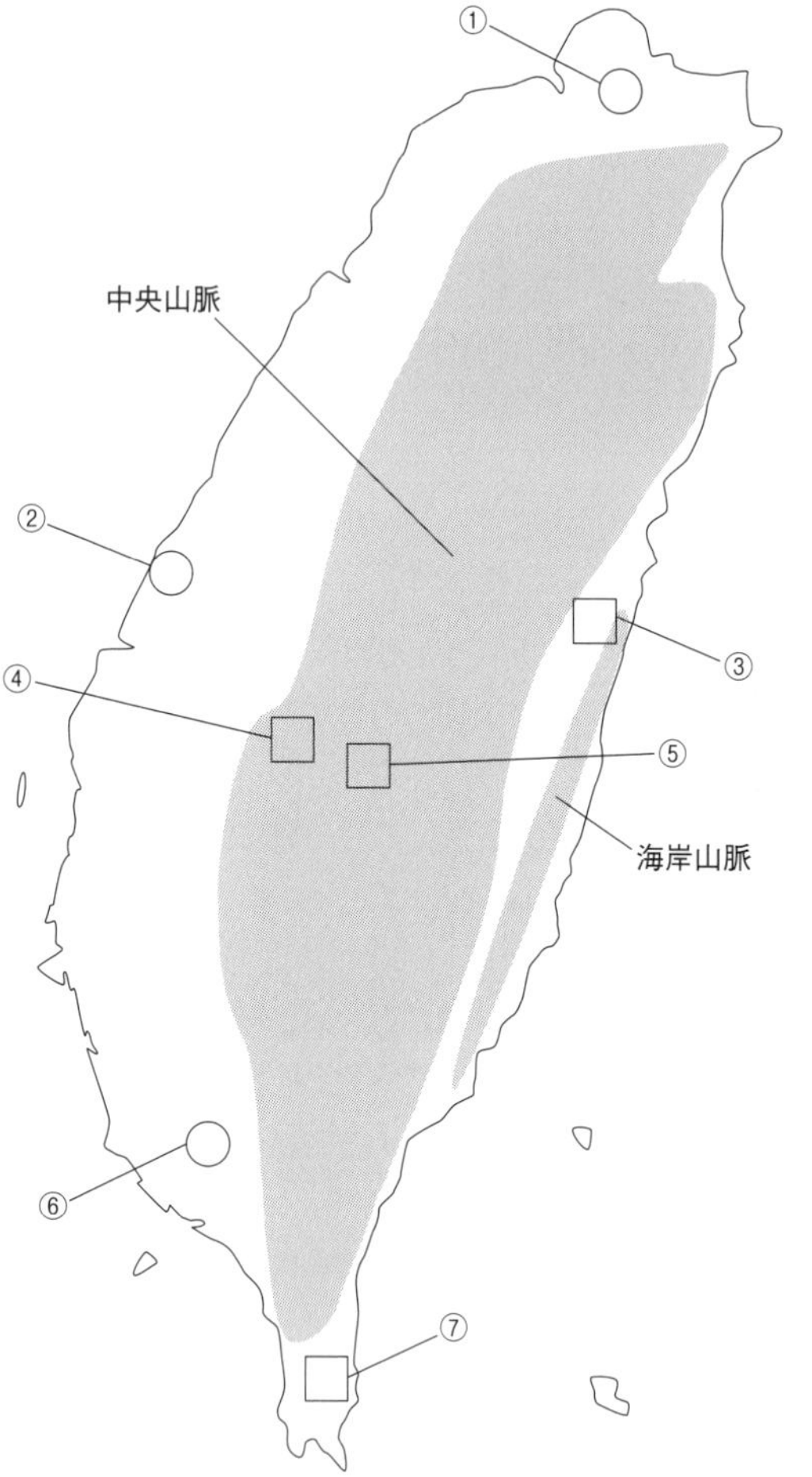

図5・1　台湾での調査地．①タイペイ（台湾の玄関口）．②ハンパオ（初めて台湾でモグラを捕獲した地）．③ファリェン（クンチエ君によりサンプルを入手）．④アリシャン（モグラの死体を３つ拾う）．⑤タタチャ（初の台湾で謎のモグラを捕獲）．⑥ピントン（大学構内でタカサゴモグラを捕獲）．⑦ケンティン（南端の国立公園．ここにも新種のモグラがいた）．

台北の空港から林先生の学生に出迎えられ、彼が運転する車で台湾東海大学のある台中市に向かった。林先生に面会したその日は歓迎パーティということで、豪華な台湾料理をごちそうしていただいた。学生が多数参加しており、彼らとも自己紹介をし交流を深めた。その学生たちが僕の台湾でのモグラ調査を手伝ってくれるという。

さて、台湾のモグラというが、意外と台湾の人はモグラを知らないようだ。学生たちもモグラを見たことはないという。日本ではどこでも見かけるモグラ塚だが、それすらも知らないようだ。不思議に思いながらも、翌日からは早速調査が始まった。

朝食を食べると、まず林先生の研究室に出向いた。そして僕のモグラワナがどのようなものか短く説明し、学生の運転する車でモグラ捕りに出かけることとなった。調査地として林先生が選んだのは、鹿港（ルーガン）という町の周辺であった。目の前に水田が広がった時、こんな環境ならモグラを捕まえるのは簡単だろうと思ったが、そうはいかなかった。水田には確かにたくさんの穴が開いていた。しかし穴のサイズが大きい。そしてモグラの穴とは違って、地上に出入り口が開いていたのである。どうやらこれはモグラの仕事ではないな、とすぐに理解した。これらは台湾の平地にふつうにいる大型ネズミの一種、オニネズミ（*Bandicota indica*）の穴らしかった。

どこを探してもネズミの穴ばかりで、モグラのトンネルらしきものは見つからない。そうしている内に、運転手兼通訳の学生が、偶然出会った一人の男性としゃべり始めた。彼の話ではその男性がモグラがいる場所を知っているという。そこで僕たちはその男性の案内で、ハンパオ（含苞）という地域の一角にある、彼の農地にたどり着いた。すると周辺の水田ではまったく見つからなかったモグラ塚やモグラの作るトンネルが、それは多数見つかった（写真5・2）。どうやら台湾の平地のとくにこの周辺では、モグラはかなり局所的に分布しているようだ。おそらく大型のネズミに地下のニッチを奪われているのではなかろうかと思う。

僕はモグラ塚を見つけておお喜びだった。そして早速学生にワナの掛け方を指導しながら、どんどん設置していった。そうして最後のワナを掛け終わり、仕掛けた場所を確認していると、すでに一個体のモグラがかかっていた。しかも生きている。こうして僕はあっけなくタカサゴモグラを捕獲することに成功したのである。ところが話はここからどんどん複雑に広がっていく。

山へ！

翌朝、再び学生とともにワナの見回りに行った僕たちは、さらに四個体のモグラが捕まっているのを確認できた。そのうち一個体はすでに死亡しており、また別の一個体は瀕死の状況で、すぐに研究室に戻って押田さんに成果を報告し、実験室を使わせてもらうことにした。解剖、標本作成、染色体標本の処理などを終わらせて、押田さんからの祝福に歓喜しながら、「これは最終日までに何個体捕まるだろう」と夢を膨らませていた。ここで簡単に日本に帰ってから分析した染色体の結果を書くと、タカサゴモグラの染色体数はやはり三二本で、核型は二つの染色体が動原体と呼ばれる部分で癒合《ゆごう》する動原体融合という変化によって、日本のモグラの核型から数が変化していることがわかった（Kawada *et al.*, 2010）。僕としてはここで満足な結果がすでに得られていた（図5・2）。

林先生に捕獲結果を伝えると、さすがに一晩で五個体もモグラが捕れるとは思っていなかったらしい。彼は僕に「そんなにモグラが捕れるのなら、台湾の高い山に違うモグラがいるという話があるから、ぜひ行ってみて」と言いだした。別のモグラ？　この頃はまったくそんな話を知らなかったため、僕は意味もわからず、すでにじゅうぶんなサンプルを得ることができたことと、台湾の山の環境への魅惑にさそわれて仕掛けていたワナをすべて回収し、翌日から台湾の玉山（ユイシャン）という山へと移動する準備をすることとなった。

翌朝の出発は早かった。林先生のところの学生の多くは、台湾の山地に生息する小哺乳類の調査を行っているため、今回は学生が多数同行した。

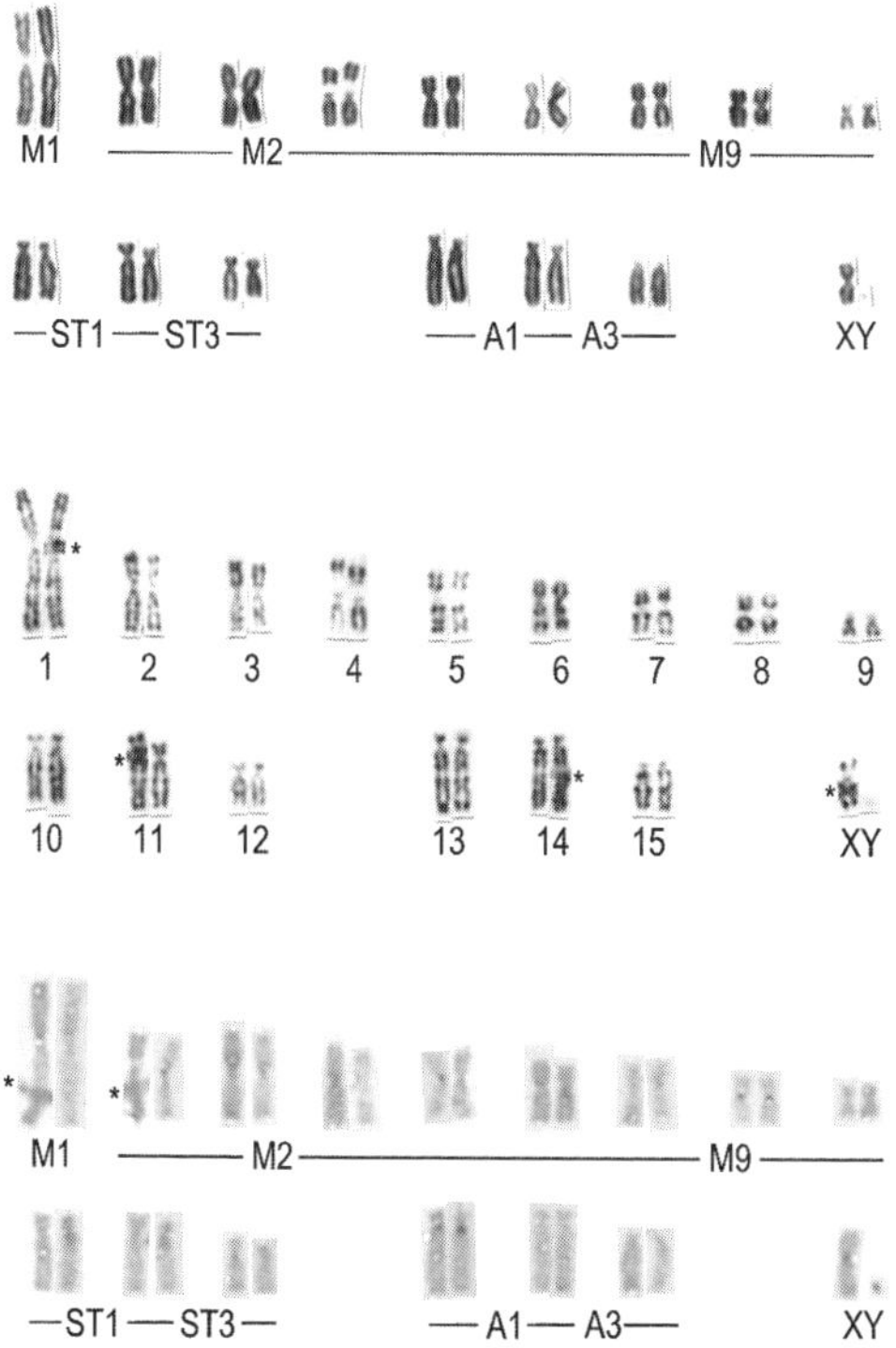

図5・2　タカサゴモグラの核型．上からギムザ．G-バンド．C-バンド

せっかくだからみんなで行って、モグラ以外の動物も捕獲する意気込みのようだ。野呂さんは台湾の山に生息するモグラジネズミをぜひ捕まえてやろうと、やる気じゅうぶんである。城ヶ原さんはネズミ類の捕獲をがんばろうと言っていた。

台湾は九州ほどの大きさの島国だが日本よりも高低差が大きく、複雑な環境や地形が存在する。玉山は標高三九五二メートルで、山頂は日本の富士山（三七七五メートル）よりも高い台湾の最高地点である。その中腹にある標高二八〇〇メートル付近が僕たちのめざす場所だった。RV車に乗り込み、中国とは違い、きれいに舗装された道をのぼっていく。台中から三時間ほどでめざす玉山国立公園に入った。そこからさらに一時間ほど車を走らせ、調査地である塔塔加（タタチヤ）へ到着した。

国立公園には生物調査の宿泊所があり、僕たちは一晩そこに泊まりながら調査をすることとなった。亜熱帯の台湾といえども標高は高く、周辺は針葉樹林を主とする亜寒帯気候といった様相である。多めに服を着ていても少し肌寒い。林先生の話では、この付近でかつて台湾平地のタカサゴモグラとは毛色が異なる、黒く小さいモグラが拾われたことがあるのだという。学生たちに詳しくその場所などを教えてもらいながら、車で周辺の環境を見つつ移動した。そして宿泊施設に着き、荷物などを整理して、いざ調査に出動である。ところが僕をのぞいてみんなは、ネズミ捕り用のワナを車に乗せ始めた。どうやらネズミの調査には少し離れた場所に行くらしい。野呂さんと城ヶ原さんもそちらに同行するという。僕はというと、この付近でモグラが拾われたというのだから、ぜひ周辺をくまなく歩いてみたい。そこで僕だけ別行動で一人ワナを担いで山道を歩きながら、モグラのトンネルを探すことになった。

写真５・２　はじめて山地のモグラを捕獲した場所.

まずは宿泊所の周辺の森を見ると確かにモグラのトンネルらしきものが多数ある。しかしあまり利用されていないトンネルのようだ。道沿いに探って行くが、これといった良いトンネルが見つからない。仕方なく僕はあまり良いとはいえないトンネルにワナを仕掛けていった。そして少し歩いたところで、一つの建物を見つけた（写真５・２）。後に、この建物はかつて日本が統治していた頃、気象観測所に使用されていたということを聞いた。この建物の庭に良好なトンネルをいくつか見つけ、さらにワナを仕掛けた。

すべてのワナを仕掛けた後、宿泊所でひと休みしていたら、一同が帰ってきた。彼らも望みどおりのトラッピングができたようだった。学生のみんなは夕食の用意を始め、僕たちは台湾のフィールド食がどんなものか見入っていた。基本的にはおでんに近いもので、煮込み料理だったが、味つけがアジア的で独特である。ふと気がつくと城ヶ原さんが倒れていた。高山病なのか、どうも頭が痛いらしい。日も暮れて僕たちは歓談を続けていたが、夜八時頃疲れた体を引きずって見回りに行くことにした。宿泊所から順に仕掛けたモグラワナを見回っていく。もし一つも捕れないようならば、もっとモグラが利用している場所に設置し直す必要がある。一晩しかないここでの調査に、僕は少し焦り気味だった。そして僕が一番理想的な場所だと思った建物の庭にたどり着いた時、遠目にワナがはじけているのを確認した。もしかしてと思い駆け寄ると間違いなかった。ワナを土中から拾い上げたところ、一匹の小さなモグラがかかっていた（写真5・3）。

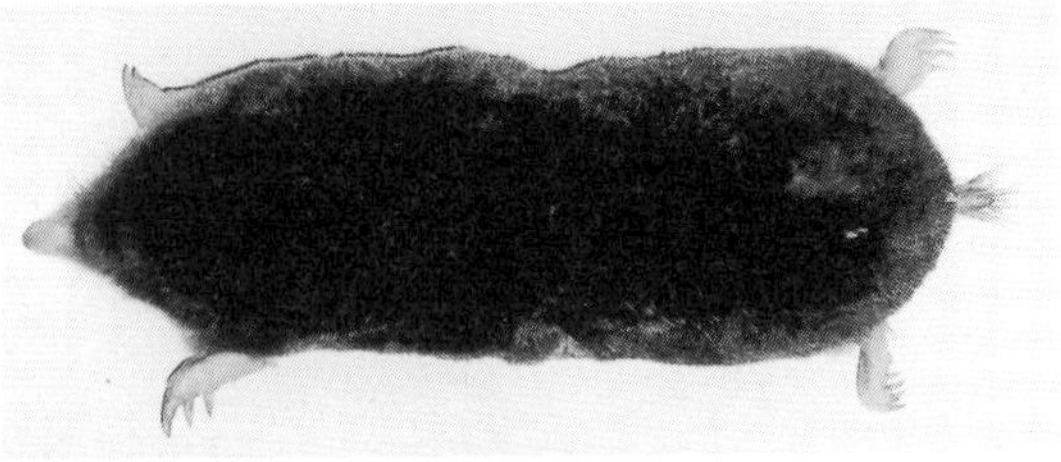

写真5・3　台湾の山地産の謎のモグラ.

僕はそのモグラをワナからはずして見てみた。すると平野で捕獲したものよりも黒っぽい色をしており、体が細長い。しかも小型で、タカサゴモグラとは異なる印象をもった。見回りに同行していた野呂さんにすぐにそれを見せると、やはり「なんか違いますよね……」とのこと。さらに他のワナを見回りに行っていた台湾東海大学の学生たちが集まってきて「New species, new species!!」と騒ぎたてる。その個体を宿泊所に持ち帰って明るいところで見てみたところ、やはりこのモグラは平野のモグラと異なっているようであった。小型であることに加えて、毛色や尾の長さ、そしてどうも吻部の形態がまったく異なっている。こんなことがあるのだろうかと思いながら、僕はいつもどおりの標本作成や染色体標本の作製を、みなが騒ぎたてる中でこなしていった。

ヤマジモグラというモグラ

ここで、台湾のモグラについて詳しく解説しよう。台湾のモグラはイギリスの領事官であったロバート・スウィンホー（Robert Swinhoe）が一八六二年に記録した標本に、その歴史の幕を開ける。スウィンホーは一八五八年～一八六二年にかけて台湾に滞在していた。彼は外交官としての業務をこなす傍ら、どうやら多数の野生動植物の調査を行っていた。これは大航海時代の名残りといえるべきこの時代に特徴的な、ヨーロッパ諸国に共通の活動であろう。彼は台湾北部でモグラを入手していた。そして彼自身がこのモグラに対して *Talpa insularis* という名を授けたのである。*Talpa* という属名にしたのは、この当時アジア産のモグラはすべてヨーロッパモグラ属に分類されると考えられてきたためである。これは後に *Mogera insularis* と属名が変更されることになる。これがタカサゴモグラである。

台湾のモグラはこのタカサゴモグラ一種であるとおよそ考えられてきた。およそとしたのは、じつはこれに異論を唱えた学者が存在したからである。岸田久吉という動物学者がその人である。岸田は二十世紀の前半に精力的に活動した動物学者である。彼の本来の専門はクモやダニといった、節足動物門蜘蛛綱であったが、哺乳類や鳥類にまでその関心をのばし、彼の多彩な研究活動が現存する文献に伺える。岸田はどうやら台湾の平野と山地に二種の異なるモグラがいると考えていたようだ。

このことが明確に示されている学術論文は存在しない。しかし彼の考えはいくつかの日本語の文章として残されている。森林総合研究所の安田雅俊さんは彼が残した著作を徹底的に調べ、台湾のモグラに関する記述について洗いだした。すると彼の著述にヤマジモグラ（ヤマジヒメモグラと書かれているものもある）というモグラが登場することがわかった。また彼が当時交流していた（と思われる）研究者の文章の中にもこの名前は見られる。王（1937）は台湾産哺乳類のチェックリストの中でモグラ科に触れ、「岸田氏によると」という文章から始めて「ヤマジモグラ（*Mogerula montana*）」という台湾山地のモグラを岸田が記載する予定であったことを記している。また鹿野忠雄は台湾の動植物と地質に関する研究をまとめた学位論文で、属名は異なるがやはり *Mogera montana* の名前をあげている（Kano, 1940）。王によれば、岸田は彼自身が編集していた雑誌『Lansania（ランザニア）』の一九三二年の巻に、台湾からの第二のモグラを記載する予定であったらしい。ところがこれまでに安田氏が調べたところでは、この論文は出版されていないようである。岸田が編集していた『Lansania』は、冊子体として完成したものや、別刷りのみ発行されたものが知られており、またいくつかの論文については原稿が印刷にまわることがなかったようなのだ。どうやら戦前の紙不足の影響や、岸田氏個人の事情といったさまざまな問題がかかわっていたようである。

動物の種を記載する作業には、英語で学術論文としての記載論文を執筆することが必要とされる。ところがこの重要な作業を岸田は怠り、日本語で書かれた彼の著書などに台湾に別の種のモグラがいるということを書くにとどまっていた。そしてこの話は現在の哺乳類研究者の中で細々と伝えられ、台湾の林先生の耳にも入っていたらしい。そしてその命を受けて僕が捕まえた小型のモグラは、どうやらそのヤマジモグラであったようなのである。

山を降りてから

一晩の調査で小型のモグラが捕獲できたことは、とても運が良いことであったと思われる。僕は意気揚々と山から台中へと戻った。結果をすでに学生たちから聞いていた林先生は、もちろん温かく迎えてくれた。謎のモグラがついに見つかったというのだから喜びは大きかったのであろう。押田さんも僕を賞賛してくれた。僕はその翌日には日本に帰ることになっていたので、荷造りなど準備にかからなければならなかった。台湾で捕獲したモグラの標本は六個体だったが、この内玉山で捕獲したモグラに関しては、日本への持ち帰りが拒否された。どうやら国立公園内で捕獲したものだから、正式な許可をもらう必要があるのだという。この時、僕はこのモグラが新種の可能性を秘めたものとまでは考えておらず、また染色体が見えればじゅうぶんだと考えていた。それまでの研究で新種記載などやったこともなかったので、誰か別の方がやればよかろうという程度にしか考えていなかったのだ。せっかく自分が捕獲した標本ということもあり、残念ではあったが、しかたなく山のモグラ標本に別れを告げて、帰国の途についた。

日本に帰るとしばらくは台湾のモグラの染色体分析に入った。山地で捕獲した一個体に関しては、骨髄細胞からの染色体標本が観察でき、染色体数は三二本で、染色体の形態についても、台湾平地のタカサゴモグラと同じものであることがわかった。その後台湾の山地に生息するモグラに関する研究がどのようになるのか気にはなっていたが、しだいに忘れていった。そして二〇〇二年の春になり、台湾から届いたメールによって、僕は終わったものと思っていた台湾のモグラの研究に引き戻されることとなった。

メールをくれたのは押田さんだった。僕が帰国した後の、台湾山地に生息するモグラについての動向が記されていた。どうやら林先生は僕が捕獲したモグラのことを台湾の学会や集会で話題に出したということだ。そしてそれが他の大学の研究者に伝わり、モグラの標本収集を本格的に始めたのだという。かなりの数の標本が集められ、それらには標高が高い場所から得られたものもあったらしい。そしてそれらの標本を用いた研究が、他大学の研究グループによって急ピッチで進められているという。これを聞いて、僕は林先生がどのように今後進めていくつもりなのか伺ってみた。すると林先生はすでにあきらめたような状況で、彼自身はモグラの捕獲もできないし、また敵は若手バリバリの研究者とあって、立ち向かうこともできずにいるとのことだった。

研究の世界は競争だというが、僕はこれまでにモグラの研究をやっていて、これを実感することはなかった。自分のモグラ捕獲技術に驕《おご》りがあったとも言えるし、「どうせ誰もやらないだろう」と高をくくっていたこともある。しかし、このまま指をくわえて見ていては、せっかく見つけたおもしろいモグラの情報を奪われてしまうと思い、すぐに林先生に返事をした。「すぐに台湾に行ってもっと標本を集めたいので、何とか取り計らってほしい」と。そして僕は二〇〇二年の八月に二度目の台湾へ行くことにしたのである。

モグラを探して台湾各地へ

僕の二度目の台湾滞在は三週間ほどの日程となった。今回の目的は台湾山地のモグラが平野部のタカサゴモグラの変異であるのか、あるいは別の種であるのかを判定することで、台湾の各地から捕獲されたモグラを複数個体ずつ調べる必要があった。そこでまずは前回山地のモグラを捕獲した玉山国立公園で追加個体を得ること、そしてそこから車で少々走ったところにある阿里山（アーリーシャン）である。ここは景勝地としても知られ、アクセスが良く。標高二三〇〇メートルほどと玉山の調査地よりは低めの場所である。これらの台湾中部の山地のみならず、広く標本を集めて比較検討する必要があったが、とくに台湾の地形に注目して、島の中央部を縦に走る中央山脈を境界線と考えて、東側のエリアと、南部のエリアを押さえておきたかった。東側のエリアは今回の日程ではちょっと無理があるだろうということで、南部を積極的に攻めることにした。

今回の調査は中国での捕獲調査と同様に、後輩の森部君に参加してもらうことにした。台湾の高地には核型が良くわかっていないトガリネズミの仲間が生息するため、これについても調べようということである。林先生の研究室からは、学生のチャン・クンチエ君が運転手兼案内役ということで全日程協力してくれた。まずは前回モグラの捕獲に成功した玉山へ向かうことになった。

長距離のドライブを経て僕たち三人は玉山国立公園の塔塔加にたどり着き、僕は早速モグラのトンネルを探し始めた。前回より時間があるのでより広範囲に調べて回ることができそうである。まずはすでに捕獲の経験がある建物の周囲を調べてみた。すると前年の調査で捕獲したトンネルはすでに使用されていないようであったが、すぐ近くの岩で囲まれた花壇に捕獲に適したトンネルを見つけた。そこへワナを設置する。

畑や庭園のような環境に比べて、森林環境でのモグラの捕獲は難しい。トンネルは森林内にたくさんあるが、これというものを絞り込むことが難しいのである。読者の皆さんはモグラのトンネルなどどこにでもあると思われるだろうが、これまで書いてきたようにモグラが実際に使用しているトンネルは限られており、それを吟味しながら探索を続けるのだ。理想的なトンネルとはどんなものかといわれれば、たとえば登山道を横切っているトンネルだ。登山道は人が踏み固めた硬い土質であるからモグラはこの下にたくさんのトンネルを掘るのを嫌う。モグラだって苦労して硬い道の下に新しいトンネルを掘るのは嫌なのだ。だからもし登山道を横切るトンネルを見つけることができたら、そこはモグラが道に対して右の森林から左の森林に渡るために重要な通路とみなすことができる。これはロシアでの白樺林での経験が生かされた。そこでそういう道を求めて僕はさまよった。そうするうちに、塔塔加から山に登る道を見つけた。この道は台湾中央大学の天文観測所へと登る道らしい。道沿いに木道《もくどう》が敷かれているが、この道沿いに良いトンネルがあればビンゴだ。はたして僕はここぞというトンネルを見つけた。これなら何とかなるだろうとワナを仕掛けた。

森部君も自分の思うようなトラッピングができたようだった。僕たちは夕暮れの山中での楽しい夕食となった。そして夜が更けた頃に最初の見回りだ。先に話した場所の他にもたくさんのワナを仕掛けたが、一つひとつ見回っていく。ところがこの日はモグラを捕獲することはできず、不安がつのる。モグラは短い周期で活動するので、半日も待ってつかまらない場合はより良い場所を求めてワナの移動を余儀なくされる。こういう時はひたすら掛け直しの努力勝負だ。翌朝もモグラは得られず、いよいよワナの掛け直し

写真５・４　石をどけるとそこはモグラのトンネルが．右にトラップが見える．（提供：森部絢嗣）

を始めた。

建物の庭は場所としては悪くないはずだった。良いトンネルはたくさんあるが吟味が必要である。ひたすら土をほじり返してはトンネルの状態を確認しながら、最高のトンネルを探さなくてはならない。ふと前日にワナを仕掛けた場所の脇を見ると、大きな石が土に埋もれていた。それをどけてみたところ、みごとなトンネルがある。いかにもモグラがよく利用しているかのごとく、つるつるのトンネル面だった。ここぞ理想的な場所だと見込んでワナを仕掛けた（写真５・４）。

僕の判断は正しかったらしい。その日の昼には、期待にこたえるように、登山道沿いで仕掛け直したワナの一つに、モグラがかかっていた。そしてその翌朝には花壇脇に仕掛けたワナの方はどうかというとワナははじけていたがモグラはかかっていない（つまり、仕掛け方が悪かった）状況だった。これは悪くない兆候で、モグラがちゃんとトンネルを利用している証拠である。そこで今

写真５・５　生け捕りに成功したヤマジモグラ.（提供：森部絢嗣）

度こそはと入念にワナを設置したところ、ついに狙ったトンネルでみごとモグラを捕獲できた。しかもなんと生きている。今回はせっかくだから生体写真も撮ろうと、森部さんがカメラを向ける。僕はこういう時にカメラを持って歩かない不精なたちなので、彼のような人材にはいつも助けられる。未知のモグラの生態写真ともなれば、より貴重さが増すことになるだろう。そしてその写真は後に雑誌の表紙を飾ることとなる（写真５・５）。

僕たちはしばらく生きている台湾の第二のモグラを観察していたが、ワナにかかった外傷がいくらかあったのか、モグラはじきに死亡してしまった。ここからは僕の実験の開始である。モグラを解剖し、手回し遠心機を回し、各サンプルを採取し、という作業が夜中までかかった。疲れながらも、追加個体が得られたことに満足していた。これでこの場所のモグラは三個体である。まずまずといえるところであろう。

山での調査も残すところ一日となった。翌日僕たちは阿里山を訪れた。この場所もモグラの捕獲には悪くない場所のようである。一般の方が参詣する公園内をほどはずれたワサビ谷にモグラのトンネルを見つけることができた。しかしすでに次に向かう旅が待っている。僕はこの場所に再訪を祈して、次の調査地へと向かった。

さて、僕たちを乗せた車が向かったところは、台湾南部の町、屏東（Pintung）だ。台湾の西部平野はこの辺りで南端となる。つまり中央山脈が南部の海岸につながる場所ということだ。この町には台湾科技大学という大学があり、林先生はかつてこの大学で教鞭をとられていて、当時モグラがいたことも確認済みだった。僕たちは大学構内をモグラを探して歩き、難なくモグラのトンネルを見つけた。そして大学周辺のビンロウヤシの植林にもモグラは生息していた。この辺りにワナを仕掛けて、一晩で三個体のモグラを捕獲した。

捕獲したモグラの毛色は灰色がかった茶色で、サイズが大きい。どうやらここのモグラはタカサゴモグラのようである。台湾の西の平野部南端までタカサゴモグラが分布しているということになる。それではここから山地を越えたさらに南、台湾の南端に位置する場所ではどうなっているのであろうか。僕はさらに南をめざそうと提案したが、すでに森部君の滞在期間が残り少ない。そこで一度台中へ戻って森部君と別れ、再び南へ移動するという少々無茶な旅を、（運転手役の）クンチエ君は了承してくれた。往復八時間ほどはかかると思われるドライブなのに、本当に申し訳ないと思いながら、僕は彼の好意に甘えることにした。

写真5・6　墾丁での採集地となった畑.

南端の町へ

いったん台中に戻り、ここで僕より先に帰国予定の森部君と別れた。二日ほどの休憩だった。出発の日、クンチエ君が「一人調査に同行したいという友人がいる」とのことだったので、僕たちは車でその方が待つ大学へ向かった。そこで僕たちに加わったのは、かわいらしい女の子であった（次頁コラム写真）。名前はパン・ユーチエという。彼女はクンチエ君の友達らしく、どうやら動物に興味があるようで、モグラの調査に行きたいと志願したのだそうだ。クンチエ君もなかなか隅に置けない青年だ。さて、めざすは台湾南端の墾丁（ケンティン：Kenting）国立公園だ。

ケンディンに着き、車を流しながらモグラのいそうな場所を探すがなかなか見つからない。海岸近くの砂浜でトンネルらしきものを見つけ、どんどん掘っていきワナを仕掛けようとしたが、なんと出てきたのは大きなコオロギの一種であった。「こんなものが地中に穴を掘って生活しているとは」と、一同びっくりさせられた。さらに車を走らせ、山間に入っていくと少々環境が良くなり、モグラの好む落葉の堆積が若干見られる農地へとたどり着いた（写真5・6）。畑の土を探ってみるとモグラのトンネルと思われるものが見られたので、その周辺に重点をおいてワナを設置した。

コラム　相部屋でのふしぎな滞在

今度の旅では宿泊はホテルとなったが、三人で一部屋を利用するというもので、一人は女性というのに彼らは平気な顔をしている。こちらが落ち着かない気持ちで、同じ部屋ですごすことになった。僕は二人にモグラの体の特徴などから僕の染色体研究について話した。そして日本のモグラの分布に関するおもしろい話、つまり日本に八種ものモグラ科食虫類が分布していることから、コウベモグラとアズマモグラのせめぎ合いにいたるまでの話題は、海外の人にとってもおもしろい話のようでうけが良い。僕はクンチエ君に「台湾のモグラもきっと日本のモグラのように、どこかを境界線として二種が分かれて分布しているのだろう」と話し、もしやる気があるのなら僕が帰ってからもこまめに調査をしてみてほしい、とお願いした。彼はその後モグラの分布に関する研究で修士課程を修了することとなった。

写真　台湾南部の調査メンバー３人（左からクンチエ君，僕，パン・ユーチエさん）

写真５・７　夜の見回りでトラップの近くに頭をもたげていたタイワンハブ.

夜も更けてワナの見回りの時間である。僕たちは調査地へと向かった。台湾の二人はサンダル姿で平然と歩いていく。道すがらカエルがたくさんいたのにユーチェさんはおお喜びだ。彼女は両生類が好きらしい。台湾の南端ともなると、まさに亜熱帯である。夜はかなり暑く、しかもそこら中に危険が潜んでいるようで恐ろしげだった。僕はワナを仕掛けた畑にたどり着き、一つひとつチェックしていった。あるワナを確認しようと懐中電灯の灯りを頼りに手をかざしたところ、手のすぐ近くで動くものがあった。あわてて手を引っ込めて、灯りを動くものの方へずらすと、そこに鎌首をもたげたタイワンハブがいた（写真５・７）。危うく咬まれるところである。台湾には三種の危険なヘビがいるといわれていた。それらはタイワンコブラ、アマガサヘビと、このタイワンハブである。その後帰る途中には、道の脇へ逃げていくタイワンハブを、車で移動中にはアマガサヘビを、日中は木の上にアオハブがいるのも見つけた。危険はつき物であるが、それにしてもサンダル姿でそこを歩いていく学生二人には驚かされた。

さて、ワナを見回った結果、翌朝までにこの場所では三個体のモグラを捕獲することができた。驚くことに体色は山地のモグラと平野のモグラの中間的なもので、濃いこげ茶色である。かなり変異があるものだなと、また考えさせられるものだった。こうして台湾での二回目の調査は終了し、僕は帰国した。そしてその後、研究テーマとしてモグラを選んだクンチエ君からは、台湾の東部平野の花蓮（ファーリェン）でモグラを数個体捕獲した、との連絡をもらった。こうして台湾モグラの分類を調査する材料は徐々に蓄積されていった。

さらに台湾へ

二〇〇三年の三月、僕は三度目の台湾行きとなった。台湾の山地のモグラをもう一地点押さえたいという思いがあり、ちょうどこの頃に前回モグラの生息を確認していた阿里山へ行く話が北海道大学の阿部永先生と大舘智氏さんからあったのだ。彼らは台湾のカワネズミ（*Chimarrogale platycephala*）を捕獲するのが目的とのことだった。カワネズミは日本から台湾を経て、さらに中国南部やベトナムを経てヒマラヤにまで生息する水生のトガリネズミ科食虫類で、台湾での捕獲例はそれほど多くない。学生の研究テーマにカワネズミをと考えていた林先生が、阿部先生を招いて学生にカワネズミの捕獲法を教える機会をつくったらしい。

写真５・８　阿里山．鉄道の向こうに広がる芝生の上でモグラを拾った．

僕たちは阿里山のホテルに宿泊しながら三日間調査することになった（写真５・８）。調査にはクンチエ君や、彼の同級生の張 育誠（チャン・イーツン）君他数名が同行し、にぎやかなものとなった。さて、阿里山でのモグラの捕獲を行ったのは、わさび畑だった。この土地ではわさびが名物らしく、あちこちに日本語で「わさび」と書かれた文字を見かけた。ここは有名な観光地で、日本人も多く訪れる場所なのだそうだ。わさび畑はいくつかの区画に仕切られており、その間に人が通る作業道がある。ここを横切るトンネルが多数見つけられ、僕はそこにワナを仕掛けた。

他のみんながネズミやトガリネズミのワナを仕掛けている間、僕は森から出て周辺をぶらぶらと歩き回っていた。まさに観光客をよそおって歩きながら、地面を見つつ、モグラのトンネルを探していた。すると何やら黒いものが落ちているのが遠目に見えた。もしやと思って近寄ると、それは死んだモグラだった。色は真っ黒で、まちがいなく山のモグラである。おお喜びでそれを拾い、調査に同行したみんなに見せてまわった。モグラを捕獲する前に死体を拾ってしまったのだから、なんと運がいいのだろう。その個体を解剖し、標本作成やサンプリングを終えると、僕はモグラが落ちていた場所の写真を撮影しようと戻って行った。その周辺を巡回しながら写真を撮っていたところ、「あれ、なんだ、また落ちてる」と別のモグラが死んでいるのを発見した。再び喜んでホテルへ持ち帰り、みんなに見せびらかした。大舘さんには「これはもう、モグラをとりたいという執念の成果だよ」とお褒めの言葉をいただいた。さらに翌日の朝、散歩がてら同じ場所を歩いていたところ、三個体目のモグラが同じ場所に死んでいた。もう何がなんだか訳がわからない。僕はワナでモグラを捕獲する前に、三個体の標本を手にすることができたのだ（写真5・9）。

さて、タネ明かしをしよう。僕は二個体目のモグラを拾った辺りから、同じ場所でモグラが死ぬなんてありえない、と感じていた。なぜならすでに書いてきたように、モグラは厳密になわばりをもつ孤立生活者であるからだ。

ところでこの公園には野犬の数がとても多い。どうやらこいつらが犯人ではないだろうか。そこで時間が空いている時に公園内のようすを観察することにした。ある時一匹の野犬が地面の匂いをかぎながら歩いているのを見つけた。「怪しいやつ！」と思い、じっと観察していると、ある場所で固まった状態で動かなくなった。そしてしばらく時間を置いて、ジャンプして着地する時に鼻面を土の中にうずめる行動を見せた。そして何もないのを確認するような動作の後、走り去ったのだ。

僕はすぐにその場所に行って、土のようすを観察してみた。するとそこにはモグラのトンネルが通って

写真5・9　死んでいたヤマジモグラ.

いるではないか。つまり野犬はモグラのトンネルがあるのに気づき、おそらくちょうどそこをモグラが移動中で、その臭いに反応して狩りの体制に入ったのであろう。幸いにも（というより狩りが成功していれば僕はもう一つモグラの標本を得ることができたのであるが）モグラはこの攻撃を回避し、逃げることに成功した。僕が観察した野犬のモグラ狩りはこの一例だけであったが、この公園内にたくさんの野犬がいるのであるから、こういったことがしばしば起こるのではないだろうか。そして、モグラの死体を発見した場所は、どうやら犬たちの休憩所になっているようで、日中数個体の野犬が寝そべっているのを観察した。僕は、犬たちがモグラの狩猟を楽しみ、休憩所に持ち寄って「俺のモグラの方が大きいぞ」といった感じに自慢しあっている姿を想像した。

犬や猫がモグラを捕まえることがしばしばある。

この場合決まって死亡個体は骨の破損や毛皮に穴が開いているという状態になり、容易に見分けることができる。僕が拾ったモグラ三個体はすべて犬による咬傷により死亡したものと診断された。うち二個体は頭骨が破損、一個体は頭骨は無事だったが、からだにかなりの傷が見られた。犬が捕獲した個体であることは間違いなさそうである。僕はこれほど積極的にモグラを捕獲している犬がいることに驚いただけでなく、これだけの犬がいるのだから、この公園のモグラは近いうちにいなくなってしまうかもしれないな、と悲しい気持ちになった。

博物館での標本調査

アメリカの博物館へ

台湾のモグラが二種なのかどうか調べるためには、より多くの標本を調べる必要があった。また台湾の山地にいるモグラが新種として記載できるようなモグラなのかどうかは、これまでに世界で記録されているいかなるモグラとも異なることを示す必要がある。モグラの分類では、属が歯の数によって定義されている。台湾山地のモグラは歯の数から見て明らかにニホンモグラ属 *Mogera* の一員である。ニホンモグラ属のモグラは日本と台湾、そして中国からロシア沿海州にかけても生息している。これらすべての種の標本を多数調べようと、東京の国立科学博物館へ調査に出かけたことがあったが、当時博物館に収蔵されて

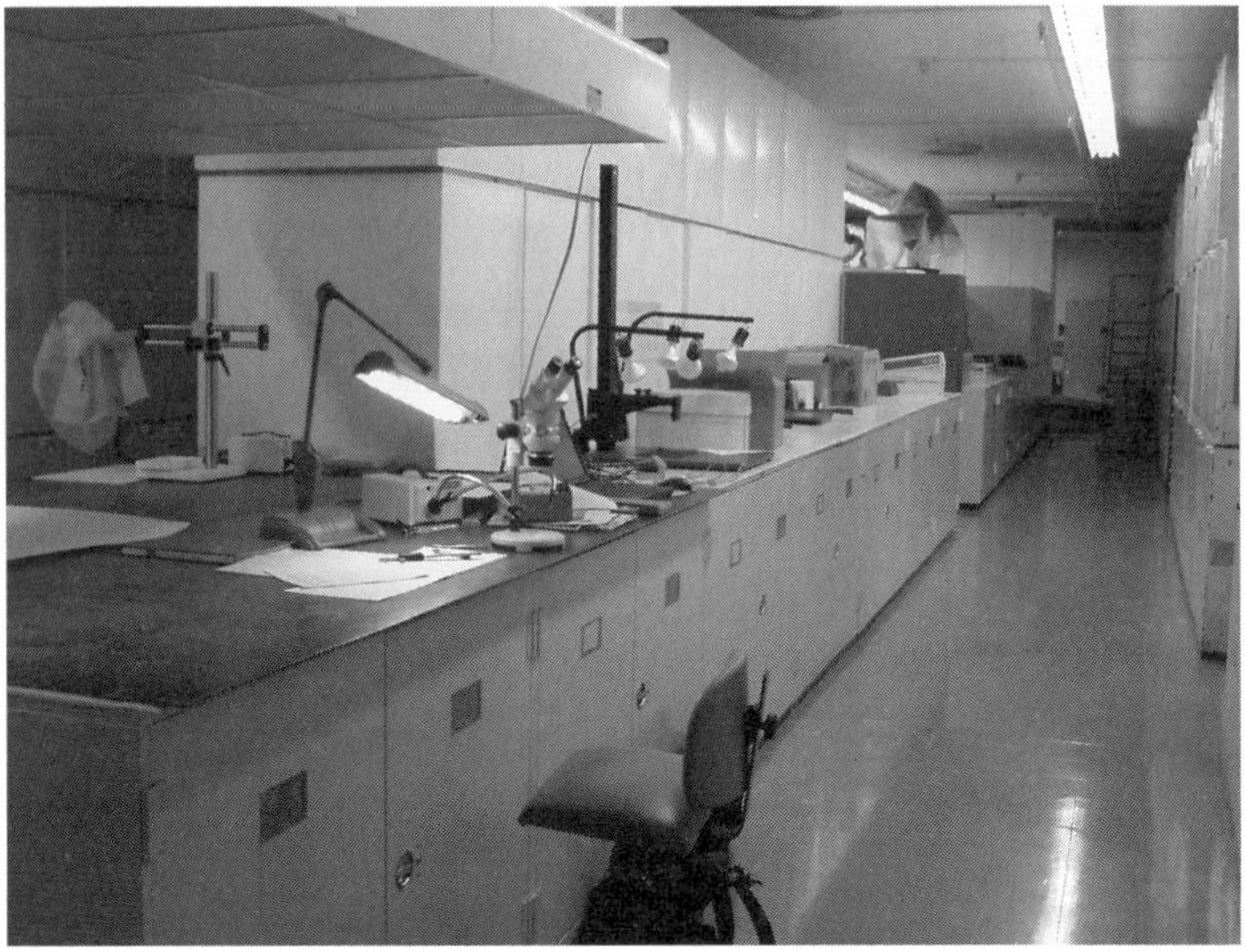

写真５・10　スミソニアン自然史博物館の収蔵庫．中央の台の上で標本を調べた．

いる台湾産のモグラの標本は一点だけということで、もはや国内で調べていても仕方ないという状況であった。意を決して、僕はアメリカの博物館で標本を調べてみようと、ワシントンＤＣのスミソニアン自然史博物館と、ニューヨークのアメリカ自然史博物館へ連絡をとった。まずはスミソニアンのカールトン博士から返事がきて、台湾のモグラがいくつかあるという情報を得た。さらに今回の調査で調べる必要がある中国産の標本もいくつか収蔵されているという。そこでまず僕はワシントンＤＣへ行ってこれらの標本を調べることにした。

二〇〇二年九月に僕はアメリカを再訪した。くしくもミシガン州でのいろいろな思い出がある九・一一のちょうど一年後である。スミソニアン自然史博物館には百万点以上もの哺乳類標本があるといわれる。モグラの標本については、アメリカ産の種については かなりの数があるが、アジア産のものは数は少ない。しかし種数がそろっているために、いろいろな種を調べるのには多様な標本が保管されていた（写真5・10）。

僕はまず台湾産の標本から調べ始めた。最初は毛皮の標本を並べていき、毛色の違いを記録していった。台湾の平地と山地のモグラでは、からだに対する尾の長さの比率が異なっていたため、標本ラベルに記載されている外部計測値もノートに記録していった。次に頭骨の三四箇所を一つひとつ計測して、写真を撮影していく。一標本あたり三〇分程度かかるため、一日の時間があっという間にすぎていった。それでも三日程度で目的としたすべての標本を調査することができた。ついでに他の属に分類されるモグラたちも観察しておいた。

コラム　高い授業料を払う

ワシントンDCではユースホステルを利用していた。博物館から歩いて二〇分ほどのところにあるこのユースホステルでは飲酒が禁止されていた。ところが仕事が終わっての一杯はやはり欠かせないものである。そこで僕はそこから少しはなれたリカーショップでビールを購入して、近くの公園で一人一杯やっていた。この公園には多くの方が夕涼みに遊びに来ていて、「どこから来たんだ」などと時に会話をしながらすごしていた。ある日、いつもの酒屋が休日であった。どうしようかと考えていたところ、黒人の若者が「何やってるんだ、迷っているなら案内しようか？　僕はユースホステルのスタッフだから心配しなくていい」とポロシャツの胸にユースホステルのロゴが入っているのを見せつけながら話してきた。僕は「ビールを買える場所を探している」と告げると、彼は意気揚々と僕を案内し始めた。そして無事店にたどりつき、礼を言ってわかれようとしたところ、彼は手を差し出して硬直している。何かと思えば「案内料をくれ」とのことである。なるほどこれは引っかかったと思ったが、すでに遅し、僕はいくらだと聞くと「三〇ドルだ」との返事。結構な金額だが、「アメリカで一人旅となるとこういう授業料も必要だろう」というポジティブな考えと、「こんな奴、断ったら何をされるかわかったものではない」という思いが交錯し、素直にお金を渡し、彼と別れることにした。ところが彼はまだついてきて何か話しかけてくる。なにやら別の物（薬物？）を売りつけようとしているようだ。僕は無視して、ユースホステル近くの公園へ急いだ。

ニューヨークへ

アメリカ自然史博物館とは渡米してからメールで連絡をとりながら、訪問する日程を相談していた。スミソニアンでの標本調査を終えて、いよいよニューヨークへ行く日を決めて、僕はアメリカ自然史博物館のキュレーターに訪問の日時を伝えた。移動の二日程前から、ユースホステルの同じ部屋に日本人の兄妹が泊まっていた。彼らは近くニューヨークへ移動するとのことで、僕はこれに便乗していくことにしたのだった。そもそもどうやっていくのかも調べておらず、彼らと話した結果、グレイハウンドバスが安くてお勧めとのことで、僕もそうすることにした。

写真５・11　アメリカ自然史博物館での標本調査のようす．

ワシントンＤＣを早朝出発して、その日の昼前にはニューヨークへ到着した。この日は二〇〇二年九月一一日、まさに同時多発テロのちょうど一年後だった。それだからなのではないとも思うがニューヨークは混雑していた。初日は休日だったため、僕は市内を観光することにした。まずは昼食を食べて、かの有名なセントラルパークを散策、そしてジョン・レノンの記念碑がある、ストロベリーフィールズを探して歩いた。到着したその場所には、たくさんの平和を祈る人たちの思いがこもった、ささげものが置かれており、程なくしてバンドの演奏が始まった。曲目はもちろんビートルズの名曲の数々で、たくさんの人が集まって来てそれを見る。僕は記念すべき日にニューヨークに来たのだった。

アメリカ自然史博物館は、セントラルパークの東側の通りに面した場所にある。この日は研究部門は休日だが、展示は開いている。そこでのんびりと博物館展示を見ることにした。アメリカ自然史博物館といえば、かのスティーブン・J・グールドの著作にたびたび登場する博物館であるが、彼の第一エッセイ集の『ダーウィン以来』（早川書房）の冒頭にでてくる恐竜の骨格が僕を出迎えてくれる。そしてたくさんの哺乳類の剥製は圧巻であった。この博物館では、種ごとにガラスで仕切られた部屋に剥製が展示されているのだが、その背景画がみごとで、アンテロープの群れが配置された部屋をガラス越しに覗き込むと、まるでアフリカの草原に立つホテルの窓から動物たちの群れを眺めているような気持ちになる。

その翌日から標本調査を開始した。キュレーターに案内されながら、何枚ものセキュリティーを通って収蔵庫へ入る。ここでもいくつかの台湾や中国産の標本があり、何とか来た甲斐があったというものだ（写真5・11）。僕はこのアメリカ滞在で都合四八個体の台湾産と一九個体の中国産ニホンモグラ属の標本のデータを得て帰国した。さて、台湾のモグラははたして二種なのか、一種なのか。

新種の記載

僕が台湾の玉山国立公園でモグラを捕獲した時に、これは平地のものとは違う、と感じたのは、毛皮の色や尾の長さといった点だった。では頭骨や他の骨の形態はどうかということになる。博物館で多数の台湾や中国から得られた標本を比較分析した結果、台湾の山地から南東部に生息するモグラは、北東部平野のタカサゴモグラよりもずっと細長い形状の頭蓋骨をもっていることがわかった。とくにめだつ違いは歯が収まっている口蓋部と呼ばれる部位である（図5・3）。タカサゴモグラはひじょうに幅が広く、短くすぼまった形で、小臼歯列では各歯が詰まった状態で萌出《ほうしゅつ》している。個体によっては歯列が詰まりすぎていて、各小臼歯が場所を譲り合うように斜め向きになって並んでいるのである。また各大臼歯はひじょうに大きくなっており、第四小臼歯から第三大臼歯までの長さが全歯列長の半分以上に及んでいる。一方で山地で捕獲したモグラの歯はじゅうぶんなスペースをもって配置されている。じつは後者の方が一般的なモグラの歯列であり、タカサゴモグラの方が異質であることも、他の種と比較することによってわかった。

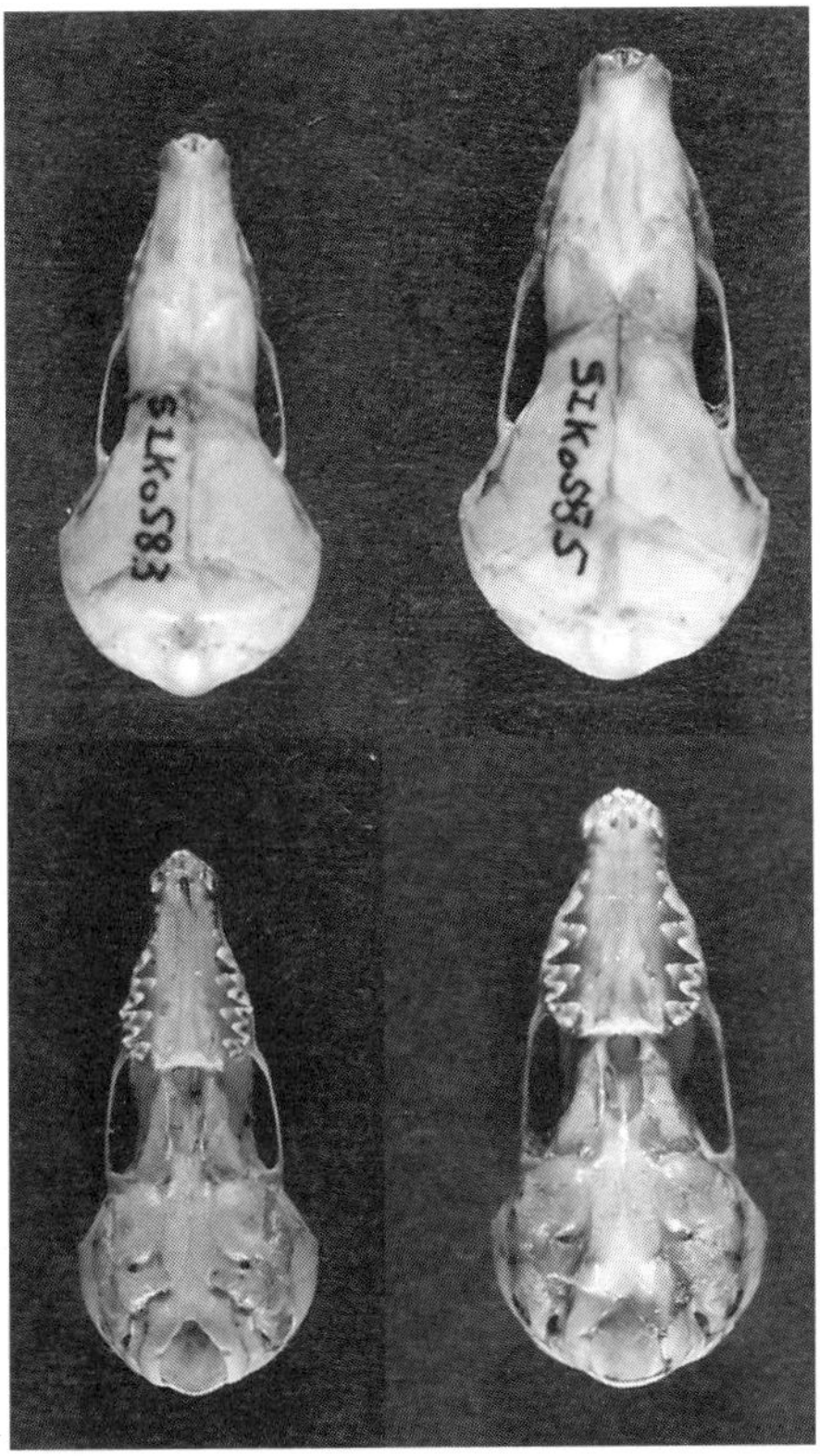

図5・3　ヤマジモグラ（左）とタカサゴモグラ（右）の頭骨.

前述のようにある動物が新種であるかどうかを判定するためには、現存するあらゆる類縁種と比較した上で、その動物が独特であることを示す必要がある。まず最初にこのモグラがモグラ科のどの属に分類されるのかを考えてみる。このモグラは四二本の歯をもっており、歯式はＩ3/2, C 1/1,

P 4/4, M 3/3である。これはニホンモグラ属の特徴である。つまり台湾にはどうやら二種のニホンモグラ属のモグラがいることになる。次に台湾山地の種はどこか別のところに生息しているモグラなのかどうかを吟味しなくてはならない。ニホンモグラ属を細かく分けると、日本産のアズマモグラ、コウベモグラ、サドモグラ、エチゴモグラ、およびセンカクモグラがあるが、大陸産の種としては朝鮮半島からロシア沿海州に分布するオオモグラと中国南西部に分布するフーチェンモグラと海南島のハイナンモグラに分類される。この内センカクモグラは形態学的にタカサゴモグラとひじょうに近縁であることが知られている(Motokawa *et al.*, 2004)。また他の日本産四種およびオオモグラは染色体数が三六本であり、台湾の二種のモグラは三二本の染色体をもっていたことから、別のグループに属する可能性が高いと僕は考えた。残る可能性として、フーチェンモグラとハイナンモグラについて詳しく調べる必要があるようだ。

これらの二種はタカサゴモグラの亜種として扱われる場合が多い。ところがこの亜種としての位置づけに具体的な根拠は薄弱である。僕はまずこの辺りからきちんと調べなくてはならないと思っていた。そこでアメリカの博物館で調査したフーチェンモグラの標本と比較してみたところ、タカサゴモグラとフーチェンモグラでは外部形態の特徴や頭骨の形状に明らかな違いが見られた。この二種の違いは日本産のアズマモグラとコウベモグラの間に見られるものよりもずっと大きい。そしてなんと台湾山地のモグラはむしろフーチェンモグラに類似した形態的特徴を有していることがわかった。ところがフーチェンモグラの方がかなり小型であり、また聴胞《ちょうほう》と呼ばれる中耳を覆う骨の形が異なり、外耳道につながる開口部がフーチエンモグラではひじょうに大きく、聴胞全体の半分におよぶのに対して、台湾山地のモグラでは三分の一

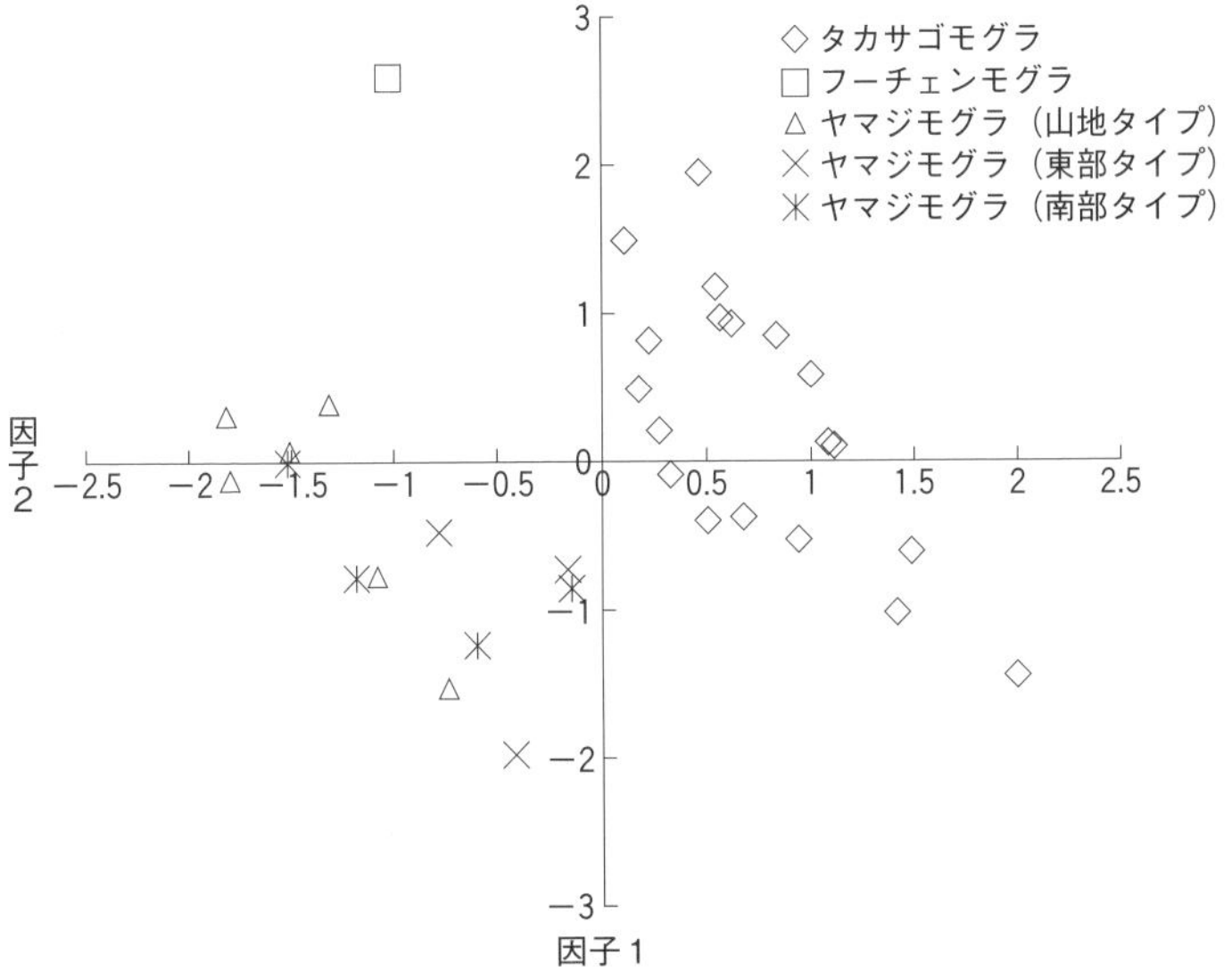

図5・4　頭骨の多変量解析の結果.

程度であった。また頭骨全体の形状では、フーチェンモグラはより吻部が細い傾向が見られ、また頬骨弓《きょうこつきゅう》はひじょうに細く弱い。といった点が異なっていた。

一つひとつの形態形質を見ると違う点があるのだが、これらの違いを統計的に判断する必要がある。僕は頭骨の三四箇所をあらゆる種について計測し、それらの比較を行った。そしてその内一五箇所の計測値に関しては、多変量解析という統計手法を用いて分析を行なった。すると台湾と中国のニホンモグラ属のモグラは日本のグループとは類別され、ある程度まとまった関係にあることが示された。さらにこのグループ内で分析し直したところ、中国のフーチェンモグラと台湾の二種を含む三種のモグラでは頭骨の計測形質できれいに分かれることを示すことができた（図5・4）。

台湾内の二種の違いを明確にする方法としては、

遺伝子の解析も行う必要があった。僕はこの問題に興味をもってくれた宮崎大学の篠原明男さんに調査を依頼した。遺伝子は個体やグループ間が進化の過程でどのように分かれてきたか、そしてどれくらい前に分かれたのかということを示すのに有効なツールであるといえる。ここでわかったことは、台湾の北西部（タカサゴモグラ）と南東部に別のグループがあり、さらに南東部のグループは高地と東部の低地および南端部の三つの地域集団に細分されるということだった。どうやら台湾第二のモグラの変異は複雑なものであるらしいが、やはりタカサゴモグラからは明確に識別できるようである。

ここまでの分析結果から、台湾に二種以上のモグラが生息することは間違いないようである。大陸産の種とは形態的な違いに加えて、後に確認されるようにベトナムで捕獲されたフーチェンモグラの染色体数が三〇本であったことから、やはり別種として受け入れるのが妥当だ（Kawada *et al.*, 2010）。フーチェンモグラの遺伝子解析の結果が、今後この結果を支持するデータとして得られることが期待されるところである。僕はこれらのデータに基づいて、台湾から第二の種 *Mogera kanoana* を新種記載した（Kawada *et al.*, 2007）。種小名はこのモグラをかつて英語の文献としてはじめて記述した鹿野忠雄博士にささげることにした。台湾に二種モグラがいると唱えた岸田久吉は、残念なことにこの種の記載を怠ってしまった。彼が種の名前としてつけた montana は有効な名前として使用するのは控えた。なぜならヨーロッパ産のモグラとして一九二五年に *Talpa europaea montana* という亜種が記載されたことがあり、研究者によってはニホンモグラ属をヨーロッパモグラ属 *Talpa* に含める場合もあることから、混乱を招く可能性があるとして使用しなかったのだ。しかしながら岸田が残した和名「ヤマジモグラ」はこの台湾第二の種の和名として使い続けていきたいと考えている。和名には名づける上での制約がないからである。

岸田久吉は他にも台湾のモグラをめぐっておもしろい記述をたくさん遺している。たとえばある文献に台湾には三種のモグラがいるという文章を残している。これは篠原さんの分析結果で台湾南東部のモグラが三つのサブグループに分けられた結果と協調する内容である。また台湾と中国南西部のモグラを日本のグループとは別属にするという記述もある。僕がこれまでに調べてきた染色体のデータからは、日本のモグラはすべて染色体数が三六本であるのに対して、台湾や中国南西部からベトナムのモグラでは三〇本や三二本という数である。これらのことから岸田久吉が見ていた東アジアのモグラ像というのは、あながち間違いというわけではなく「良い線いっていた」といえるのかもしれない。僕はそのように感じながらさらなる調査へといざなわれるのであった。

第6章
東南アジアでモグラを捕る

謎だらけのアジアン・モール

東南アジアには *Euroscaptor* 属というグループに属するモグラがいる。日本では俗にミズラモグラ属と呼ばれてきたが、これは日本のミズラモグラが *Euroscaptor* 属と同じ歯式をもっているからである。僕はこのグループをアジアモグラ属と呼びたいと思う。なぜなら、*Euroscaptor* 属は東アジアに広く分布し、それぞれが局所的な分布域をもっているようで、単一の種に代表されるような名称をつけるのは現在のところはばかられるためだ。またこの属は今後いくつかのグループに分ける必要がでてきそうだからというのが一つの理由である。

じつは属にはすべて基準となる種が指定されていて、*Euroscaptor* 属の場合はタイに生息するクロスモグラ（*E. klossi*）である。かといって「タイモグラ属」といってしまえば、タイ周辺にしか生息しないモグラのようであるし、「クロスモグラ属」といってしまえば、どんなモグラなのか良くわかりかねる。適切な名前をつけるというのは、けっこう難しい作業である。

さて、ここでは僕がこれまでに調査してきたアジアモグラ属の種を中心に紹介したい。アジアモグラ属は謎が多いグループで、種の記載がなされた後に分類を見直されたことはあまりないように思われる。そもそもこの属のモグラは、世界的に見てひじょうに標本が少なく、欧米の博物館にあるものをすべてあわせても一〇〇程度しかないという代物である。いかにこのグループのモグラが研究されていないかということを例示している。僕が研究を始めた頃は、アジアモグラ属は左記の六種に分類されていた。分布についても書いておく。

ミズラモグラ（*E. mizura*）、日本の本州の山地
チビオモグラ（*E. micrura*）、ヒマラヤ地方
クロスモグラ（*E. klossi*）、タイ北西部
ドウナガモグラ（*E. parvidens*）、ベトナム南部
シセンモグラ（*E. grandis*）、中国四川省
ハシナガモグラ（*E. longirostris*）、中国南西部

これらのモグラは一八四〇年頃から一九四〇年にかけて欧米の研究者によって発見されていった。アジア植民地時代の遺産ともいえるものだ。ところが発見以来多くの調査隊がこれらの地域へ送り込まれたにもかかわらず、大陸東アジア地域のモグラ類はあまり研究がされていないのである。おそらく彼らはネズミやトガリネズミのような陸上哺乳類の捕獲には長けていたが、モグラについては専門外だったのであろう。欧米の博物館で僕が観察したこれらの種の標本の多くが壊れた頭骨標本や部分的に毛が抜け落ちた仮剥製標本だったことも、これらの個体が積極的な捕獲によるものではなく、死体拾得によるものであることを物語っている。

僕は二〇〇二年の一月からこの地域のモグラに関する調査を開始した。最初に着手したのはマレーシアのモグラであった。この調査のきっかけは、それまでマレーシアでフィールド調査をしてきた森林総合研究所の安田雅俊さんがマレーシアのモグラに関する情報をもたらしたことから始まる。

マレーシアのモグラを捕獲する

マレーシアは大陸の半島部分とボルネオ島などの島嶼部からなるが、モグラの記録があるのは半島マレーシアの方である。一九四〇年にここのモグラははじめてヨーロッパに紹介された。チェイセン（Chasen）は半島マレーシアのキャメロンハイランドという一千メートルを少し超える高原地帯から得られたモグラを入手した。そしてこのモグラにタイ産のクロスモグラ *E. klossi* の亜種 *E. k. malayana* として記載した。この標本は英国自然史博物館に現在も保管されている。安田さんからの情報によると、現在キャメロンハイランドは広大なお茶畑となっており、その畑にモグラが生息しているという。僕はこの話を聞いて、畑にモグラがいるのならば行きさえすれば捕獲は簡単であろう、と考え、安田さんと宮崎大学の篠原明男さんとともに、半島マレーシアのモグラ調査を開始した。

二〇〇二年一月といえば、僕は名古屋大学で博士論文を提出する間際という頃だった。僕は織田先生に「何とかこの調査の機会を逃したくない」と話すと、織田先生は「二〇〇一年内に博士論文の原稿を仕上げれば行ってよし」といってくださった。僕は何とか一通りの博士論文原稿を書いて、織田先生と二、三の先生方に修正を依頼し、二〇〇二年一月九日にマレーシア行きの飛行機に乗った。

いうまでもないがマレーシアは赤道に程近い場所で、完全な熱帯地方である。僕ははじめての熱帯の空気を味わいながら、「本当にこんなに暑いところにモグラがいるのか」と思案した。モグラは地中性の食虫者であるから、基本的に落葉の堆積が豊富で、土壌動物層に富む環境を好む。温帯の日本は最適の環境

図6・1　東南アジアでの調査地．①マレーシア・パハン州キャメロンハイランド(2002年1月)．②タイ国・ナコーンナヨック州カオヤイ国立公園（2003年12月19-20日)．③タイ国・カンチャナブリ州エラワン国立公園（2003年12月23日)．④ベトナム・ドンナイ州カチエン国立公園（2003年12月25-29日)．⑤タイ国・ピサヌルーク州フーヒンロンクラ国立公園（2004年1月3-5日)．⑥タイ国・チェンライ州メーサロン（2004年1月7-9日)．⑦ベトナム・バックタイ州タムダオ国立公園（2004年9月6-11日)．⑧ベトナム・クアンナム州バックマ国立公園（2004年12月21-28日)．⑨ベトナム・ラオカイ州サパ（2005年11月16-22日)．⑩ベトナム・クアンナム州ドンギアン（2006年11月28日-12月1日)．

だ。一方で熱帯気候のマレーシアでは、落葉の分解が急速に進むため、腐葉層が発達しない。そういった環境では地中の餌資源がないために、モグラの生息には適した環境にはならない。

いろいろ考えるよりキャメロンハイランドに行ってみればすべてわかるだろう、と僕たちは共同研究者で野生生物局のスタッフであるリム・ブー・リアト（Lim Boo Liat）先生（以降リム先生）に面会し、僕たちの研究の目的や期待される成果を詳しく話し合った。そして話が終わったところで、リム先生は一つのアルコールが入ったビンを僕たちに示した。そこにはモグラの液浸標本が入れられていた。リム先生は、「この標本を持って行って、キャメロンハイランドの茶畑で働いている労働者に見せれば、いる場所を教えてくれるだろう」と話された。僕たちはお礼をいい、早速リム先生の息子のジョンさんが運転する車で、キャメロンハイランドへ向かったのだった。

キャメロンハイランドは、マレーシアの首都クアラルンプールから北へ一五〇キロメートル程行ったパハン州の端に位置する（写真6・1）。緯度は北緯九度ほどということなので、北半球の南のはて、まさにマレーシアのモグラは最南端のモグラである。山に入るふもとの村で、安田さんの大好物というドリアンを大量に買い込み、坂道を登って行った。キャメロンハイランドは一八八五年頃に開拓された土地で、イギリスのウイリアム・キャメロンが茶畑や避暑地として利用する目的で切り開いていた。今回は道もきれいに整備されており、天気も良好、気持ちの良いドライブと相成った。途中で安田さんに「どれくらい捕れるかな？」と訊ねられ、僕は自信ありげに「一〇は捕まえましょう」といったところ、安田さんは冗談と思ったのか笑っていた。僕はかなりまじめだった（写真6・2）。

写真６・１　キャメロンハイランドの茶畑．ここにモグラがいる．

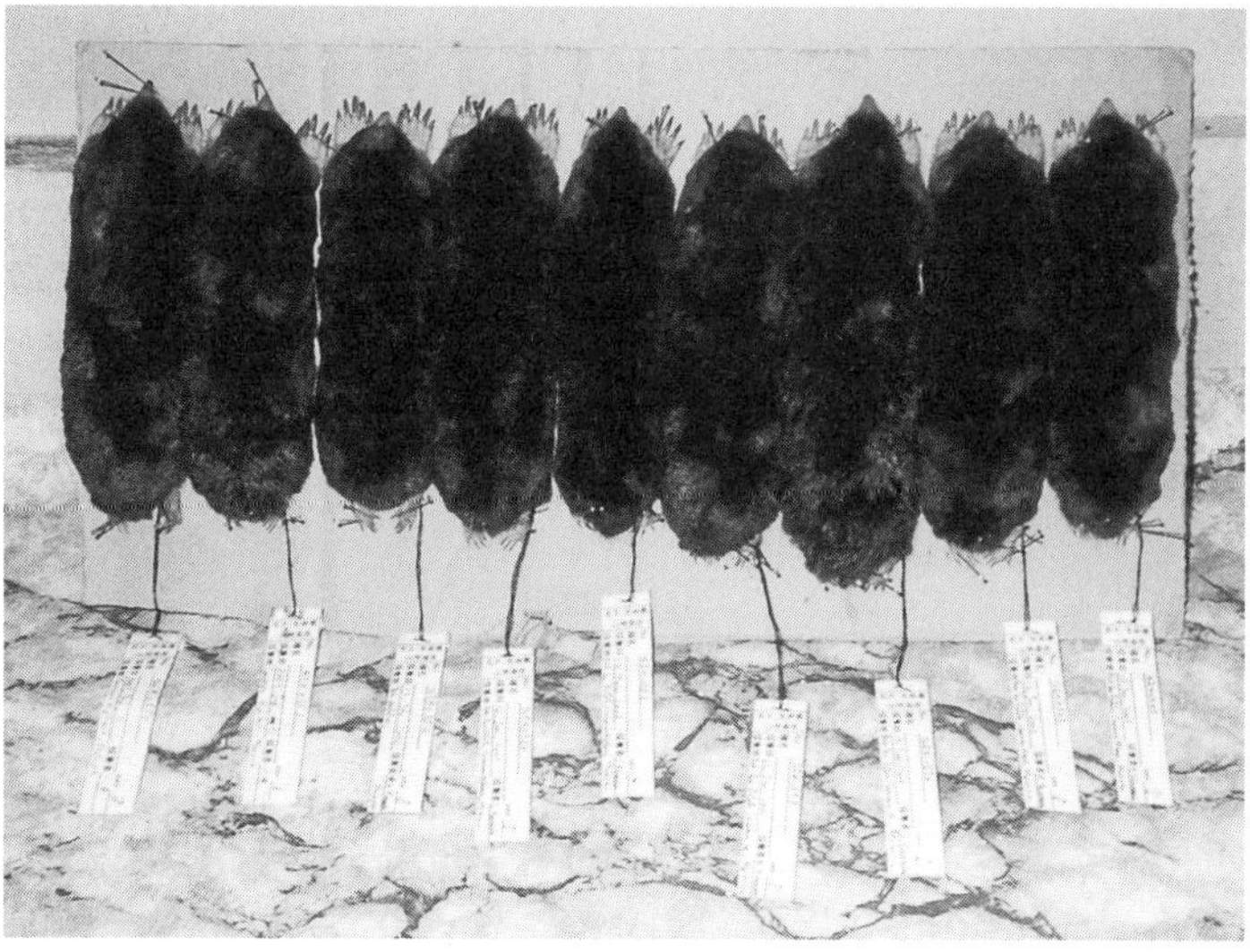

写真６・２　捕獲したマレーシアモグラの標本．

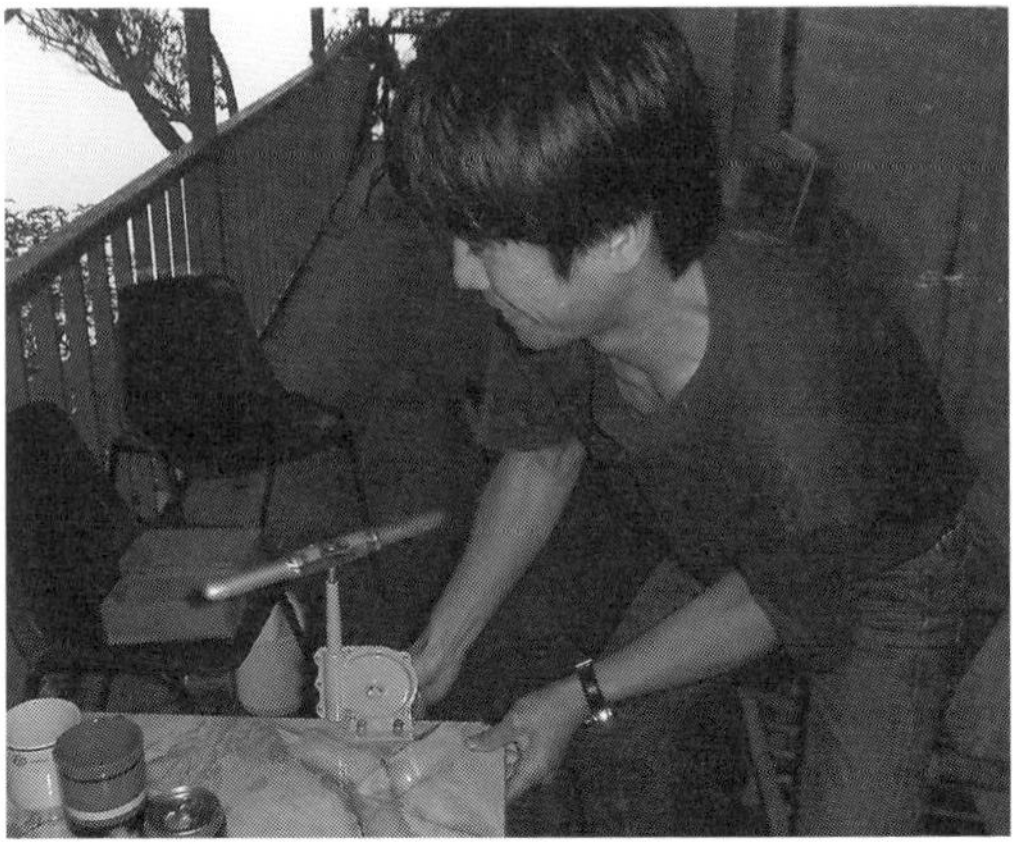

写真６・３　手回し遠心機の実演.

キャメロンハイランドのＢＯＨという茶農園に到着する頃には、熱帯の暑さはなくなり、むしろ湿度もあって涼しい感じだった。なるほど、お茶の栽培には適した気候だろうと感じた。そして茶畑を通る未舗装の道を登る途中にいくつかの場所で地面を調べたところ、確かにモグラのトンネルと思われるものが見られた。僕たちがめざす場所は、この農地の中にある野生生物局の宿泊所をかねた施設だった。茶畑が見渡せる、見晴らしの良い斜面に建てられた木造の建物で、快適にすごせそうである。到着して荷物を紐解き、早速調査開始だ。

僕たちは茶畑の間を歩きながらここぞと思うトンネルにワナを仕掛けていく。途中茶畑の管理者の別荘があり、その庭の芝生にはみごとなトンネルが見られ、ここにもワナを設置する。ワナを仕掛け終わった頃には、ここでもすでにモグラが捕獲されていた。

捕獲したモグラを用いて、早速からだの計測など記録をとっていった。今回は遺伝子調査をする篠原君も同行しているので、彼に手伝ってもらいながらの作業となった。僕は染色体のサンプルを採取して、手回し遠心機で染色体標本を作製していた。周りで見ていた安田さんと、後から駆けつけたリム先生他野生生物局のみなさんは僕を見て笑っていた。安田さんは「Japanese low technology」といって場を盛り上げた（写真6・3）。

マレーシアのモグラは茶畑のいたるところで捕獲できたが、とくに畑の間に作られた作業道を横切るトンネルに仕掛けると効率よく捕獲できた。最初は捕獲率が低調だった篠原君も途中からワナを仕掛ける場所のコツがわかったらしく、捕獲が相次いだ。最終的に僕たちが捕獲したモグラは合計一一個体。僕の予想通りの成果となった。標本は形態・核型・遺伝子と調査が進み、僕たちはマレーシアのモグラを独立種マレーシアモグラ（*Euroscaptor malayana*）とする論文を発表した（Kawada *et al.*, 2008b）。ちなみにマレーシアモグラはこれまでにわずか数点がイギリスとシンガポールの博物館にあるのみである。僕たちのコレクションは、世界最大のマレーシアモグラコレクションとなった。

タイ・ベトナム調査の始まり

僕が次に調べたアジアモグラ属の種は、タイ北西部に生息するとされるクロスモグラである。この時もチャンスは突然やってきた。僕をタイやベトナムの調査に誘ってくださったのは、台湾でお世話になった押田さんだった。彼はタイとベトナムのリス類の調査を何人かの共同研究者と行っており、そのメンバーとして僕を誘ってくれた。といっても僕には自由にモグラを調べてみてくれということである。ありがたい話で、他のメンバーについて聞くと、リーダーは当時の国立科学博物館で哺乳類のキュレーターをしていた遠藤秀紀さんだということだった。この頃遠藤さんとは一度博物館で標本を見せていただいたくらいで、たいした面識はなかったので、彼が僕の参加に賛同してくれるかどうか、少し不安になった。そこで他のメンバーは誰かと尋ねると、当時日本大学獣医学部の先生だった木村順平先生の名前がでて、僕は安堵した。木村先生とのおつき合いは、僕が設楽町でモグラを捕まえ始めて一年ほどしてから、木村先生のところの学生がモグラのメスの生殖器を調べる研究を始める事になったということで、お手伝いをさせていただいたことだった。それから僕も日本大学にモグラを捕りに行ったりするようになり、楽しくおつき合いをさせていただいていた。またもう一人のメンバーは帯広畜産大学の佐々木基樹さんで、彼との出会いは群馬県立博物館で日本哺乳類学会が行われた時に、学生が宿る場所として使っていた博物館の駐車場で、お互いに車中泊していたために、話をするようになったのがきっかけである。それ以来、学会などでお会いした時には会話するようになった。

このメンバーならば僕を仲間に加えてくれるかもしれないと思い、押田さんに何とか混ぜてくださいとお願いしたところ、あっけなくプロジェクトリーダーの遠藤さんが、ぜひモグラを調べてみてよ、というメールを下さった。当時オーバードクターの貧乏学生だった僕に調査の機会を与えてくれたみなさんには、感謝の気持ちが絶えない。

最初の調査はタイの中部から北部へと回る行程だった。僕はメンバーが到着する五日ほど前にタイへ入国した。当時弘前大学で博士課程に在学していた後輩の中田章史君とバンコクで落ち合い、周辺の国立公園を訪れた。タイのモグラが最初に記録されたのはTak州という中部の町であるが、バンコク周辺にモグラが生息しているのかどうかもきちんと下調べしておこうと思ったのだ。バンコクの農学系大学であるカセサート大学には、織田先生の知り合いの研究者が何人かいるので、彼らを頼って案内してもらうことになっていた。僕と中田君は二人でその研究室を訪問し、事前に織田先生から連絡していただいたとおりに調査の計画を話し、パカワディーさんという女学生が僕たちを案内してくれることになった。僕たちはまず、バンコクから車で二時間ほど離れた場所にある、カオヤイ国立公園を訪れた。タクシーをチャータして国立公園のビジターセンターまで移動し、そこからは地図を見ながら環境の良さそうな場所を選んで徒歩で散策した。地図に示されている沢に沿った場所などは比較的湿った環境があるかと考えて歩き回ったが、どうもモグラが生息している痕跡はない。また土壌の環境もひじょうに硬く乾いており、どうもモグラはいないようであった（写真6・4）。

写真6・4　カオヤイ国立公園内にある沢（左がパカワディーさん，右は中田君）．

僕たちはこの国立公園でテントを借用して、一泊することになった。タイの国立公園ではこういったシステムがひじょうに良くできており、当日いきなりテントやシュラフを借りてキャンプができる。この経験は後に北部での本調査に役立つことになる。この国立公園は標高一千メートルほどに位置しており、熱帯とはいえ一二月の日中は比較的涼しく、歩くと汗ばむこともあったが、夜は意外と冷え込む。これくらいの気候ならモグラの生息にも良いかと思ったが、モグラの生活痕はまったくなかった。

一泊の後僕たちは一度バンコクへ戻り、後から来ることになっていた織田先生と合流した。翌日から今度はバンコクから北西へ一三〇キロメートルほどのところにあるエラワン国立公園へ移動した。ここは泰《タイ》緬《メン》鉄道で有名な第二次大戦の戦地に程近いところである。公園内にはみごとな滝がたくさん見られ、環境としては湿った場所も多いのだが、やはりモグラのトンネルを見つけることはできなかった。タイのモグラの推定される分布は北部から西部の山地帯といわれる。エラワン国立公園はこの山塊の南端ともいえる場所だけに僕は期待していたのだが、どうやらだめらしい。僕たちはこの国立公園に生息が確認されている哺乳類の情報だけをビジターセンターで得て、バンコクに帰還した。

僕はここまでの調査でタイのモグラはマレーシアとは違って生息地を特定するのが難しいと実感した。マレーシアの時のようにピンポイントでモグラの記録がある場所に行けば、それなりの数の標本は得られるが、やはり東南アジアのモグラの分布は局所的であるらしい。きっとこの状況はベトナムでも同様であろう。今後経験するであろう困難にしり込みをしながらも、アジアモグラ属の本調査に突入することになる。

まずはベトナム南部で調査する

同じ年のクリスマスを迎える日、僕はベトナムのホーチミンシティにいた。バンコクで織田先生と中田君と別れ、遠藤さん率いる調査隊に合流して、いよいよ本格的な調査が始まるのだ。ホーチミンシティはベトナム南部の町で、やはり暑い。こんなところから数時間という場所でモグラがいるのだろうかと不安になりながらも、僕は事前に調査地のことを調べてきたことを思い起こした。

この調査ではベトナムのカチエン国立公園というところを訪問する予定だった。僕は事前にこの場所とこの地域のモグラについていろいろと情報を得ていたのだ。アジアモグラ属の一種ドウナガモグラ（*Euroscaptor parvidens*）はベトナム南部からのみ知られるモグラである。このモグラがはじめて収集されたのは、アンナン（Annam）のブラオ（Blao）であると種の記載論文に記されている。アンナンというのはベトナム南部の地域で、ラオスやカンボジアの国境沿いにあるアンナン山脈として知られる。僕はこのブラオという場所を地図やインターネットで探してみたが、この名の土地を見つけることはできなかった。ところがあるページで現在の地名としてラムドン（Lam Dong）県のバオ・ロック（Bao Loc）というのがブラオの現在名であるらしいことがわかった。また記載論文にはドナイ（Donai）河の付近でモグラが捕獲されたとあるが、この河の名称も現在ではドン・ナイ（Don Nai）河であることがわかった。僕たちの調査チームが今回ベトナムで訪れるカチエン国立公園は、このバオ・ロックから近い場所にあり、所属する県はまさにドン・ナイ県である。国立公園に沿ってドン・ナイ河が流れ、モグラが捕獲されたというバオ・ロックの下流に位置する場所である。もしかしたらここに行けばモグラにあえるかもしれない。

僕たちはホーチミンシティを出発し、現地へと向かった。ベトナムの市街地はバイクの数がものすごい。ほとんどの人たちは原付のバイクを運転していて、まるでレースのようだ。そしてありとあらゆるものをバイクで運搬している。長い物干し竿のようなものから、三〇キログラムはあろうという米袋をバイク後部の両側に吊り下げているもの。さらには大きなガラス水槽（何に使うのであろうか）をバイクの後ろにくくりつけて運転しているものもあった。見るからに危険であるが、彼らにとってバイクは重要な物資運搬の手段のようである。物資運搬といえば、水牛も良く働く。そしてとても人馴れが良いらしく、小さな子どもが水牛の番をしている光景などを見ると、美しい光景だなと感涙してしまう。

そういった風景に見とれていると、国立公園の入り口の村ナム・カチエンに到着した。ここでわれわれはベトナム側の共同研究者が用意してくれた入園の許可書を提示して、入っていくのだ。ベトナムの共同研究者は、リーダー的な存在がDang Ngoc Can博士（カンさん）で、それをNguyen Truong Sonさん（ソンさん）という若者がサポートしている。いずれもベトナム科学技術院の研究者で、年間の半分以上はフィールドワークのため森ですごすというツワモノである。彼らは現地の人たちの会話を通訳しながら僕たちを導いてくれた。村から車で少し移動したところで、河が僕たちをさえぎった。この河がなんとドン・ナイ河である。ここを越えたらカチエン国立公園に入る。僕たちは荷物を車から降ろして、渡し舟に乗り換えて河を渡った（写真6・5）。

カチエン国立公園の入り口辺りは標高が一〇〇メートルに満たない場所で、まるっきり熱帯である。僕はここではモグラは無理ではないだろうかと最初に思った。僕たちは滞在する部屋に荷物を置いて、まずは国立公園の代表者に挨拶に行った。その間も僕は辺りの環境を見ながら、時に地面をつつきながら歩いていった。芝生に囲まれた花壇があるが、土壌の状態は硬く乾燥していた。国立公園の幹部の方々に挨拶

写真6・5　ドン・ナイ川を渡し舟で渡る.

し、この国立公園の見取り図が壁にかかっているのを見つけて、ソンさんからの情報を得た。どうやらこの国立公園は北東部と南西部に二分割されており、標高が高いのは北東部の方らしい。僕たちが調査の許可を得ていたのは南西部の方で、こちらはもっとも標高が高いところで三〇〇メートルほどであった。どうもまずいなと感じながらも、僕は希望を捨てず、いよいよ調査が始まった。

僕以外の日本人研究者の面々はリスやムササビの調査で来ていた。彼らはこれまでにも何度かベトナムでカンさんやソンさんと共同研究をやってきたため要領が良い。ワナも僕たちが来た時にはすでに仕掛けられており、何個体かのリスが採集されていた。ところが僕はこの調査では新参者であり、また対象動物もモグラと捕まえ方が異なっている。僕はしかたなくとりあえず足を使うことにした。ただひたすら歩いてモグラのトンネルを探すという手段である。

先ほど見つけた地図をデジタルカメラで撮影し、それを頼りにどんどん国立公園内の道を歩いていく。とくにドン・ナイ河沿いの比較的湿った場所を重点的に歩いてみた。天気は良好、たくさんの熱帯の蝶が舞う中を歩いていくのは、もともと昆虫少年だった僕には楽しいトレッキングだった。子どもの頃に図鑑でしか見たことがなかった蝶がそこら中に飛んでいる。しかしいくら探せどもモグラが生息することを示す痕跡はまったく見つからなかった。翌日も朝から歩き続けた。国立公園を縦断するように道があり、ここがこの国立公園の南側で一番高い地点を通って、となりの村に行く道だった。ソンさんに片道どれくらいの距離があるのかと聞くと、一八キロメートルくらいあるとの回答だった（写真6・6）。僕は根性をすえてお茶をペットボトルにつめ、宿泊所を出た、途中バイクで公園内を探索していたカンさんに出会い、僕が隣の集落まで歩いてみようと思う、というと、紙にメモを書いてくれて、「もし誰かに合ったらこの紙を見せろ」という。ありがたく頂戴して別れを告げ、僕はひたすら歩いた。道の途中にはワニがいるという湖に行く分かれ道があったり、干上がった沼地のような場所があった。こういった湿った場所は周囲を歩いて徹底的に地面のようすを調べる。ところが何も見あたらない。ついに僕は道を歩ききり、集落までたどり着いた。昼をすぎた頃で、僕はたいへんな空腹状態だった。国立公園を出るゲートがあり、そこには三人が昼食をとっていたが、もちろん英語は通じない。僕はこの時あまりに疲れていて、カンさんがくれたメモのことをすっかり忘れていた。とりあえずお茶をすすめられ何とか身振り手振りでお腹が空いていることを知らせるが、なかなか理解してもらえない。その内の一人、ラムさんの案内で村の中に入ると小さな店があり、そこで何か食料を買おうとしたところ、僕のお腹の空き具合を理解してくれていたの

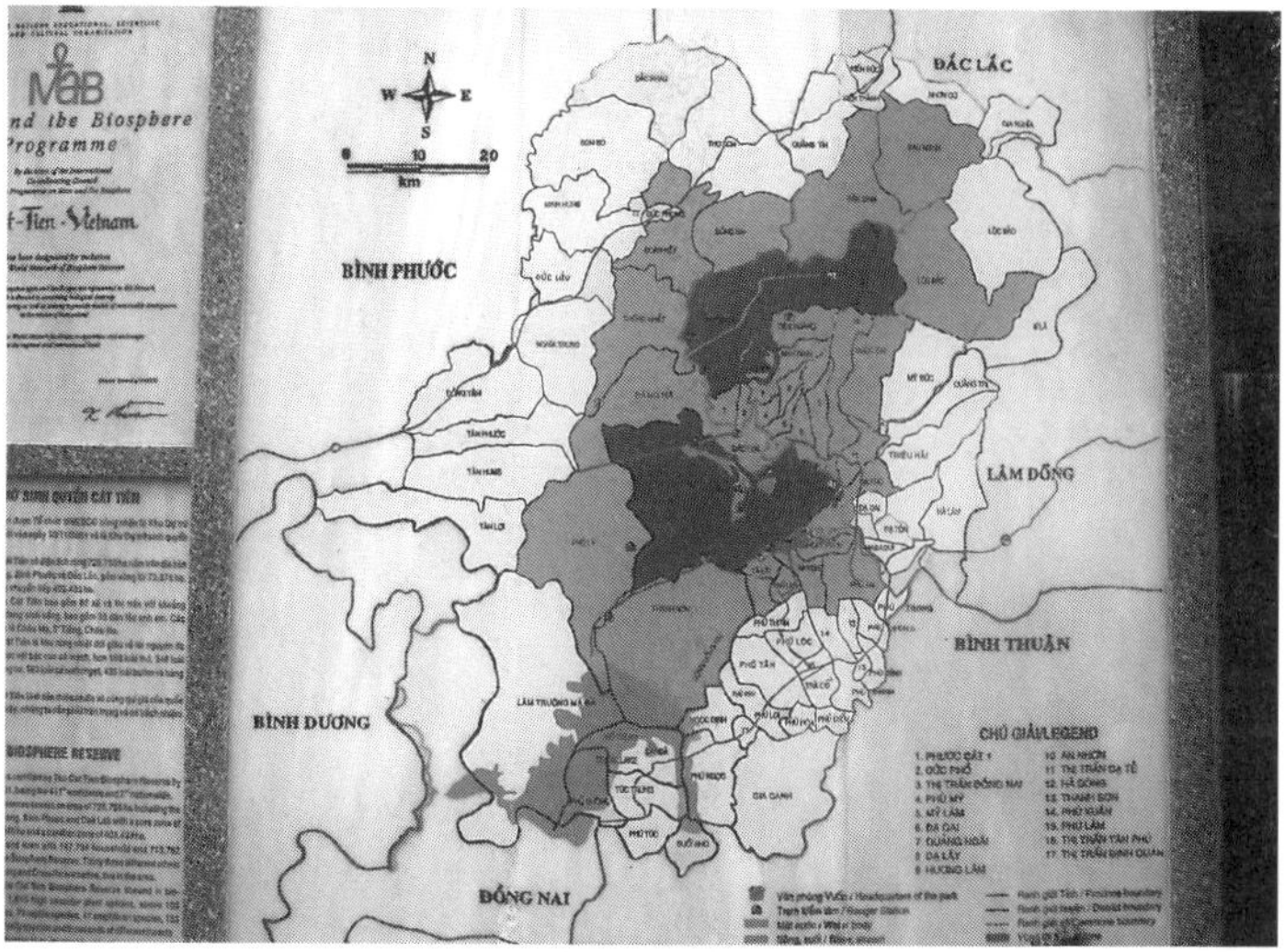

写真６・６　カチエン国立公園の地図．濃くぬられた公園エリアの内、北の方にモグラがいるらしい．今回の調査地（南）では見つからなかった．

写真６・７　歩き疲れてひと休み．左がラーメンを作ってくれたマリアさん．

か、店主のマリアさんがインスタントラーメンを作ってくださった（写真6・7）。

店に集まった人たちにモグラの写真を見せながらこれを探していると伝えるが、やはり誰も知らないようである。やはりこの辺りにはモグラはいないのかとガッカリしながら、僕は来た道を引き返し始めた。来た道を三分の二ほど戻ったところで、運良く他のメンバーたちを乗せた車が来て、僕を拾ってくれた。帰ってから調べてみたところ、僕はこの日二五キロメートルほどは歩いていたようだった。

モグラがいないことに少々落胆した僕であったが、じつは得るものもあったのである。カンさんとソンさんはこの僕の途方もないハイキングのことを聞いて、たいへんびっくりしたようであった。日本人がこれほど体力と根性にあふれているとは思っていなかったのであろう。それ以後彼らは僕を「ローカルハンター」と呼ぶようになった。現地人のハンターが一日中山の中を歩き回って、獲物を探し回るそれに似ているということだろう。これは僕にとってたいへんなほめ言葉である。僕は結局この調査でモグラを見ることはなかったが、今後の調査をすすめる上で大切な信頼をベトナムの研究者たちから得ることができたのだった。

タイの中部から北部を周遊する

二〇〇五年の正月、僕たちはベトナム調査を終えてバンコクにやってきた。べつに正月の休暇をとろうというわけではない。これからタイの中部から北部を一週間かけて回る調査旅行が始まるのだ。とはいっても正月から移動できるわけもなく、バンコクの新年を満喫していた。

数週間前に行った予備調査では、タイのバンコク周辺、というか同じくらいの緯度の場所ではどうやらモグラはいないようすであった。これから僕たちが行くのは、タイ中部のピサヌルークという都市周辺および最北の都市チェンライの周辺である。最北の町のどこかにモグラがいることは間違いなさそうである。なぜならここは標高が高く、またこの隣に位置するチェンマイという町ではモグラの記録があるのである。ピサヌルークは比較的標高が低く、平野部にモグラはいないかもしれない。もしその場合はどうすれば良いのであろうか。チームリーダーの遠藤さんからは、カチエン国立公園での成果がなかったため「タイでは何か捕まえようね」と励ましの言葉をいただいていた。さすがにモグラがいないところでモグラは捕れない。遠藤さんは「もし調査地がだめそうならば車を使っていいから、トラッピングに良さそうな場所を探してみよう。」と提案してくださった。

ピサヌルークの町に到着したのが一月二日のことで、まず僕たちは事前にリスの捕獲を依頼していた猟師の家を訪れた。車を止めるなり、僕は飛び出して土壌のようすを調べ始めた。やはりモグラが生息できるような環境ではない。乾燥していて、硬い赤土の土壌だ。ホテルに帰ってから地図を眺めて対策を練る。するとピサヌルークから東へ向かった場所に比較的標高が高い場所があるのが目についた（図6・2）。ここはタイ北部の山地が南に下った最南端の部分といえる場所である。具合が良いことに、その付近でもっとも高い標高一八〇〇メートルほどの地点近くに、立派な車道まで通っているではないか。これは一度ここまで走ってみるしかないな、と考えチームのみんなに伝えたところ、ではみんなで行ってみようではないかということになった。

僕たちは車に乗り込んであまり木が生えていない荒野といった様相の平原を走って行った。すると遠めに高い山が見えてきた。これが僕たちのめざすフーヒンロンクラ国立公園だ。この国立公園は先に述べた一八〇〇メートル地点の山を含む地域である。この山の約一一〇〇メートルくらいのところを国道が通り、それに沿って国立公園の入り口が設置されていた。おそらく多くの方が避暑に訪れるような場所なのであろう、ビジターセンターやオートキャンプ場、売店などが良く整備されたところであった。さて、僕は早速探索を始めたが、なるほどモグラのトンネルらしきものがちらほらと見つかった。ところがこの時期は乾季ということで、土が乾燥しきっていてモグラの捕獲には向いていない。ただしこの周辺にモグラがいることは間違いなさそうである。

さらに歩きを続けると、芝生がきれいに植えられた場所に行きついた（写真6・8）。しかもこの場所は常時乾燥を防ぐためにスプリンクラーで水をまいている場所だった。これはなかなか気の利いたモグラへのプレゼントだな、と思いつつ、きっとモグラがいるだろうと近づいてみたところ、なんとひじょうに良好なモグラのトンネルがいくつも、そして周囲にはモグラ塚まで見つかった。これまでに書かれた報告では、東南アジアのアジアモグラ属に属するモグラは、塚を作らないといわれるが、そんなことはない、公園や農地といった環境ではタイのモグラもちゃんとモグラ塚を作っていた。塚ができるかどうかは、環境しだいなのであろう。

僕はこのみごとなトンネルを見つけて歓喜したのだが、ここで問題が生じた。タイの共同研究者であるウットさんによると、国立公園内は動物の捕獲やワナ設置は許可が必要なのだという。僕たちは流される

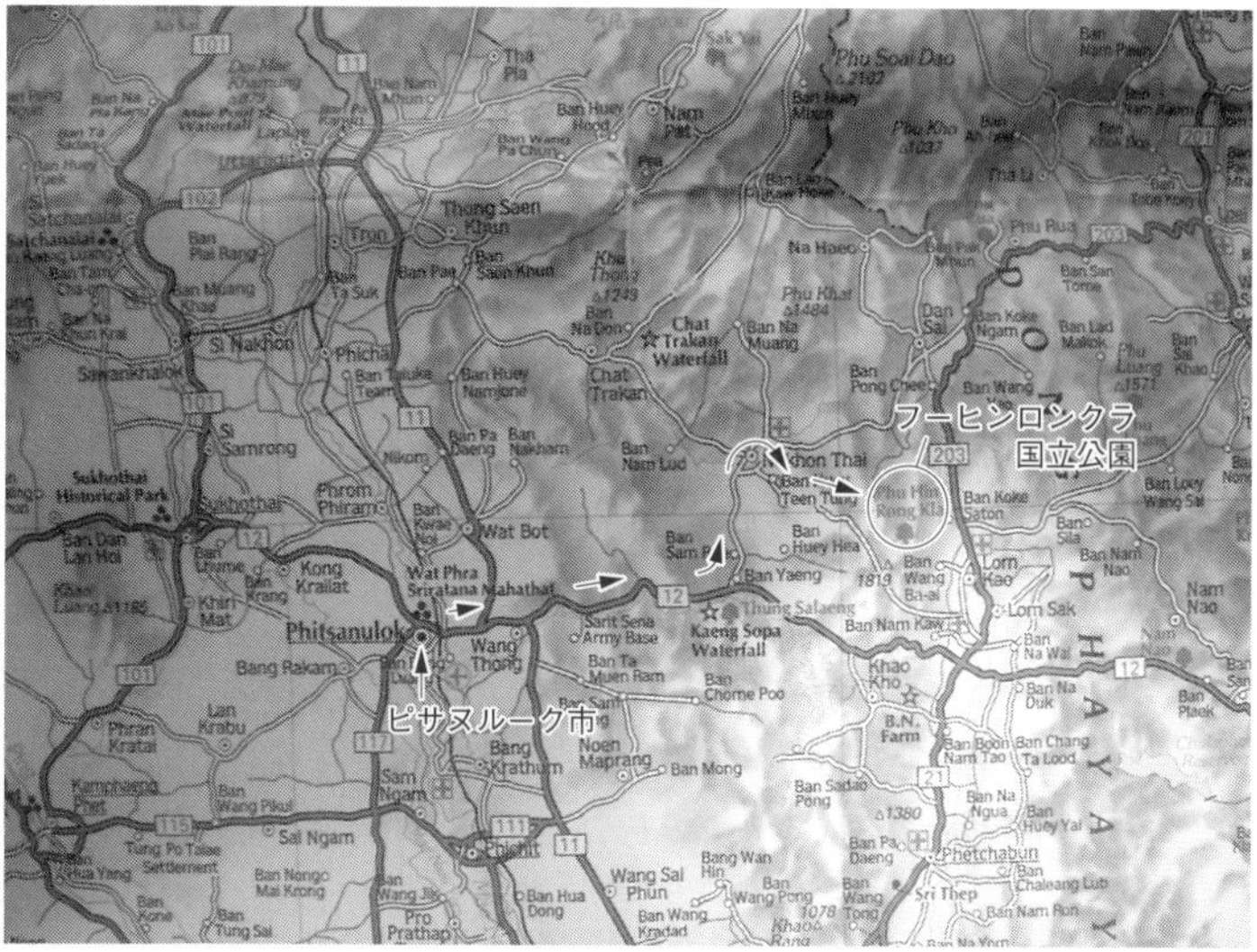

図６・２　地図を見てモグラの生息地をさがす.

写真６・８　国立公園内でモグラのトンネルを発見した場所.

ままにこの国立公園にたどり着いたため、許可など得ているはずがない。僕は何とかならないかと聞いてみたが無理らしい。しかたがなく僕は「それではワナを仕掛けずに観察するのは大丈夫か」と聞いたところ、それなら良いという。僕は付近から細い木の枝をたくさん見つけてきて、モグラのトンネルに次々と差し込んでいった。アメリカのテネシー州でカタニアさんがやっていた方法を再現しようというわけである。棒が動けばそこにモグラがいる。後は掘り起こせばよい。

待てど暮らせどモグラはその日の夕方までには活動を始めず、僕はさらに遠藤さんにお願いすることにした。「この国立公園でキャンプしてみようと思うのですが、どうでしょうか」。キャンプの道具などの借用などはすでにカオヤイ国立公園で経験済みである。問題はないだろう。遠藤さんは僕が一人国立公園にとどまることを快く了解してくださり、一同はピサヌルーク市へ帰って行った。僕はキャンプ道具を借りるために国立公園の事務所へ行き、テントと寝袋を借用した。テントの設置が終わると、さらに日が暮れるまでモグラを待ち続ける。この日はモグラが姿を現わさず、あきらめてテントで就寝の支度をし、夕食は売店で購入した缶詰やらビールやらを楽しむ。一人でテントに滞在するのは楽しいものである。

翌朝六時半頃僕は起床した。さあモグラが待っている。僕は昨日待ち伏せしていた場所にたどり着き、再びモグラを待つ、すると一時間ほどした頃にトンネルに差し込んでいた棒がゆらゆらと動き始めた。しめた！　モグラが来ている、僕はそう思いしばらくの間それを見やった。そしてトンネルの先にある次の棒がゆれ始めた頃、思い切ってトンネルに根掘りを差し込み、土を掻いていった。それほど土を掘り返す間もなく暖かくやわらかいものに突きあたった。これだ！　と思いギュッと握り締め、取り出すと、手の

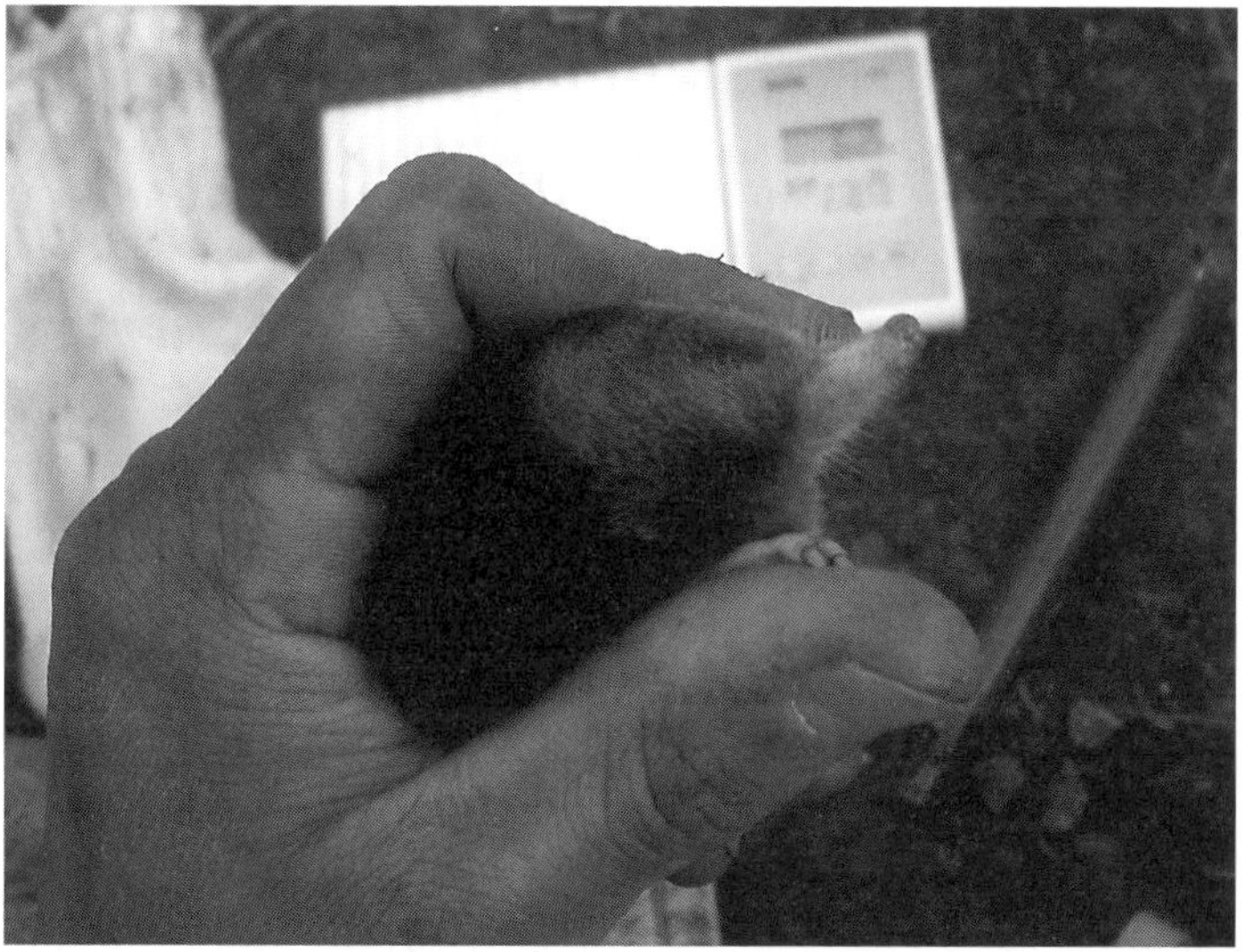
写真6・9　待ち伏せで生け捕りしたクロスモグラ.

中にジダバタともがくモグラがいた。僕とクロスモグラの初対面である。さて捕獲の許可もないモグラをどうしたものかと思う傍ら、僕の目はモグラにいっていた。どうやらマレーシアのモグラよりは尾が長いようである。しかも色は比較的茶色がかっており、日本のモグラに似ているようすもある。これまでにこのモグラの記録にあるものとは少々異なる趣を感じさせるモグラであった（写真6・9）。

僕はとりあえずペットボトルを二つに切断した容器に、そのモグラを生きたまま入れて保管することにして、前日に見つけておいた別のトンネルで待ち伏せをすることにした。この個体の成り行きは遠藤さんやタイの研究者が着いてから考えれば良いであろう、それよりもできればもう一個体見てみたい、という思いであった。そして花壇の間を通る道を横切ったトンネルをいったんつぶして見続けていたところ、二時間ほどであっけなくトンネルがモコモコと再生されていった。ここでも辛抱が必要である。じゅうぶん待って、そろそろ大丈夫だろうというところで、モグラの入り口となるトンネルの端を根掘りで遮断した。手を入れたところ、もがくモグラを無事捕獲、二個体目の捕獲成功である。

僕はこれら二個体を生きたまま体重や体の長さなど計測していった。ひと休みしている頃に、遠藤さん率いる本隊がやってきた。僕はペットボトルの中でもがいているモグラを見せながら、何とかこれを標本にするわけにはいかないか、と談判したが、やはりこれは研究チーム全体にかかる問題を含むことであり、僕の無理は利かないと判断した。僕はこれらのモグラをじゅうぶんに動画撮影した後、放逐したのである。モグラを捕獲して放逐する経験は、僕のモグラ研究史上最初で最後のこととなるのであろう。

チェンライへ移動する

ピサヌルークでの経験を経て僕たちはさらにタイ北部のチェンライへたどり着いた。チェンライはタイ最北端の町である。この周辺でモグラを探さなくてはならない。ところが僕が訪問したリスの捕獲に長けている猟師のいる村はモグラが生息する環境ではないようであった。これは土壌の質を見れば一目瞭然である。赤土で硬い土壌、そしてこの辺りでは地中性のげっ歯類であるタケネズミの仲間が生息しているという。猟師さんについて行ったところ、みごとに大きなトンネルが土中に開いている。これほど大型の地下生活者がいる場所ではモグラの生活は難しいだろう。

そして僕はチェンライのホテルでどこへ行けばモグラに会えるか探索していた。ロビーの観光案内を見ていたところ、この町でも標高が高いところに観光地があるようだった。僕はそれに目をつけて、ここはできるだけ標高が高い場所をあたるのが良かろうと思い、再びチームのみんなに行ってみないかと提案をしてみた。すると僕の案は受け入れられ、車で一時間ほどのメーサロンへと足を運ぶこととなった。僕が一人でその町に滞在することも了解をいただき、二、三日の滞在でモグラの探索をすることにした（写真6・10）。

メーサロンはチェンライの南西にある場所で、やはりリゾート地として利用される場所のようである。地域の人々は中国系の人が多い。標高は一一〇〇メートル程の場所で、昼間の気温は高く、しかも土壌のようすはそれほど良好とはいえない。それでも僕はここでいるかわからないモグラを探さなくてはならない。まずはこの町のホテルに居を構え、辺りのようすを見ることにした。町の中にある畑はあまり状態がよろしくない。赤土の斜面に無理やり作られたような畑で、どこを探してみてもモグラのトンネルは見つからなかった。仕方がなく僕はホテルの周辺を歩き回ることにした。するとホテルに程近い山の斜面で、モグラの古いトンネルと思われるものがいくつか見つかった。しかしこの場所はいずれも乾燥しており、砂地になってしまっていた。これではモグラは捕まらない。ではモグラはどこにいるのか、と疑問に思った僕はさらに歩を進めた。すると、なんとホテル内の芋畑にモグラのトンネルが見つかった。この畑では水分を切らさないように、常時スプリンクラーで水がまかれていた。ここなら捕れるだろうと思い、ワナを仕掛けると、その日の夜にはモグラがかかっていた。ようやくタイモグラをじっくりと観察することができるチャンスだ。僕はホテルの部屋で暗い灯りの中、この個体を解剖し標本にした。染色体やＤＮＡの

写真６・10　メーサロンの村．山の向こうはミャンマーだ．

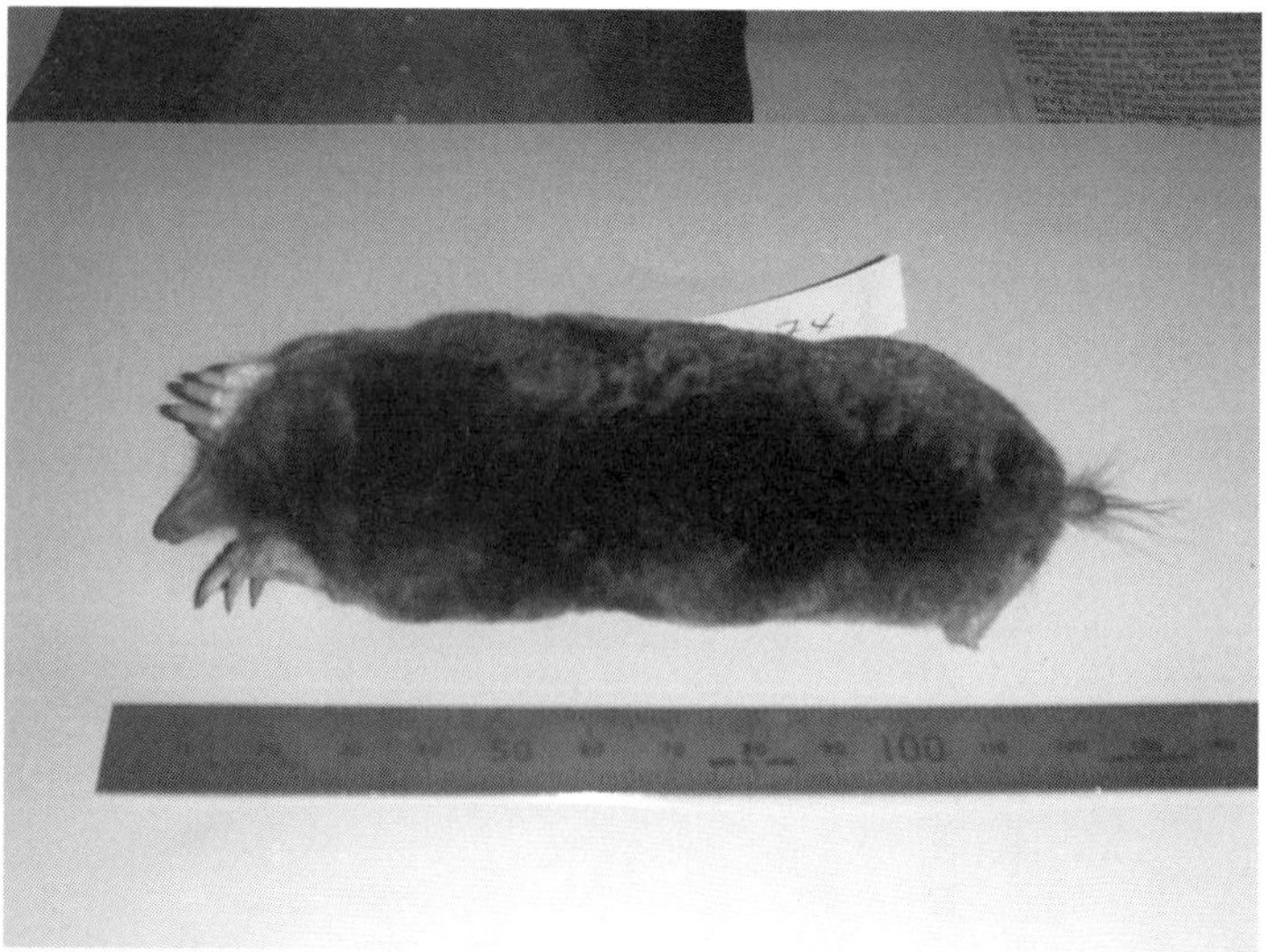

写真６・11　捕獲したクロスモグラ．

サンプルも採取したので、このモグラについてはじめて生物学的な分析が行われることになった（写真6・11）。

ベトナム調査のその後

タイ・ベトナムでの初調査から一〇ヵ月がすぎた頃、僕は仲良くなれたカンさん・ソンさんを頼って、ベトナム調査へ単身出向くことにした。彼らはベトナムでのモグラ研究にとても興味をもったらしく、そして前回のカチエン国立公園でモグラの生息が確認できなかったことに対して僕に気をつかってか、ベトナムへ再び調査に来るよう誘ってくださった。彼らの話ではベトナム北部のタムダオという場所で、現地に住む人々の話からモグラらしい動物が確認できたということだった。僕はベトナムのモグラをぜひ見てみたいということで、ベトナム行きを決めた。織田先生にこの話をしたところ、当時名古屋大学農学部の四年生だった梶田聖和君を連れて行くようにとの命を受けた。彼をフィールドワーカーとして育ててやってくれということらしい。

僕たちは首都ハノイに降り立ちソンさんの出迎えを受けた。彼らもまだ知らぬモグラの存在に、気持ちははやる。一日のハノイ滞在の後、車でタムダオ国立公園へと向かった。タムダオはハノイから北北西へ七〇キロメートルほどの場所で、標高約一二〇〇メートルの山からなり、その約一〇〇〇メートル付近の斜面に開けた町がある。ハノイからは避暑に利用されるような場所であるらしい。ベトナムといえば熱帯のイメージがあるが、北部のこの場所はかなり温暖湿潤で、雨が降ると肌寒くすらある。モグラの生息に

写真６・12　タムダオの斜面にある町．手前のウリ畑でモグラを捕る．

は快適そうな環境である（写真6・12）。

　到着するなり早速、事前にカンさんたちが町の周囲の畑に仕掛けておいてくれた落とし穴を見回りに行った。この畑はウリ科植物の野菜を作っており、この地域の有名な野菜らしい。実を湯がいてピーナッツの粉末や塩コショウを混ぜた調味料につけて食べるとなかなかの一品である。毎食この料理がでたが飽きることはない。

　落とし穴にはどうやらモグラは捕まっていないが、彼らが仕掛けたワナの周辺にはたくさんのモグラのトンネルが見られた。場所は間違っていないようである。僕はこの畑にワナを仕掛けていった。すべてのワナを仕掛け終わって見回ってみたところ、すでにモグラが捕獲できていた。出だしは好調とみえる。このモグラを早速ホテルに持ち帰り、自室で標本にしていく。最終的に五日間の滞在で、僕はタムダオ国立公園で合計一六個体ものモグラを捕獲することができた。ベトナム産モグラの標本は欧米の博物館にも数点しかないことを考えると、これはちょっとしたコレクションである（写真6・13）。後の調査で、この種はハシナガモグラという中国からしか知られていないモグラであると同定された。しかしその形態はかつてアメリカの博物館で調べた中国産のものとは若干異なっており、さらなる精査が必要となる。

同じ年の一二月には、ベトナムの中部にあるバックマ国立公園を訪れた。カンさんとソンさんの話では、タムダオに似た環境で、タムダオで多数のモグラを捕獲することができた場所と同じく、ウリ科植物の畑が多い場所ということである。ところがこの国立公園では、僕はまったくモグラのトンネルを見つけることはできなかった。ベトナムでのモグラの分布についてはまったく知られていない。わずかな知見から、ベトナム北部のサパという場所からクロスモグラと考えられている種が記録されていることと、すでに述べたベトナム南部のドウナガモグラが知られるだけである。ベトナム中部でのモグラの分布はどうなっているのだろうか。謎は深まるばかりだが、モグラがいない場所でいくら調査しても仕方がない。僕は次なる調査機会を待つこととなった。

二〇〇五年の年末に次の調査のチャンスがやってきた。日本人ベトナム調査隊のこの年の調査地点は、ベトナム北部のサパである。僕はかつてモグラの捕獲記録があるこの場所に一度行ってみたいと思っていた。その希望が受け入れられたのだ。サパはベトナムの最北端ともいえるラオ・カイ県に所在し、標高一五〇〇メートル以上という場所に町があり、そこからベトナム最高峰のファン・シー・パン山（標高三一四三メートル）がそびえる。北は中国との国境地帯で、いかにも生物多様性が豊富な地域であろう。僕た

写真6・13　タムダオで大量に捕獲したハシナガモグラ.

ちはこの地に到着し、早速調査に入った。この頃にはリス班だけでなく、モグラも調査隊の対象分類群となっており、カンさんがいつも調査地の森林に同行してくれるようになっていた。僕はカンさんに導かれて、ファン・シー・パン山の登山道を歩いて行った。時々この登山道を横切るトンネルを見つけては、ワナを仕掛けていくという戦略である。そして翌日にはモグラを捕獲することに成功した。驚いたことにこのモグラには毛皮の背部に白い毛がところどころ密生した白斑をもっていた。これは奇妙だと思い、さらに翌日捕獲できた別の個体を見てみると、同じような毛色である。どうやらこの地域のモグラは、このような毛皮の変異が存在するらしい（写真6・14）。

僕はこの山中で三個体のモグラを捕獲した。これらの個体を調べてみると、下顎に三本の小さな切歯が見られた、これはアジアモグラ属の特徴といえる。

これを確認した時、僕はもう少し標高が低い場所でモグラを探してみようと思いたった。なぜかというと、僕はサパには二種のモグラが生息している可能性があることを知っていたからである。

ベトナムのモグラについて最初に記録されたのは一九三二年のウィルフレッド・オスグッド（Wilfred H. Osgood）の報告で鳥類学者として知られるジャン・ドラクール（Jean Delacour）の調査隊がサパで捕獲したモグラの記載である（Osgood, 1932）。このモグラの標本はロンドンの自然史博物館に収蔵されており、僕は標本調査に行った折に、この標本を見ていた。オスグッドは複数のモグラをすべてクロスモグラとして同定したわけだが、僕は二点ある標本の下顎切歯の数が異なることに気づいていた。つまり一つは三本の切歯をもち、もう一つは二本だけ切歯をもっていたのである。これはこの二つの標本が別の種であることを意味しており、さらに言えば、属さえ別の分類群として認識されるものなのである。切歯数が二本のモグラは日本のモグラと同じくニホンモグラ属として位置づけることができる。そこで僕はサパの別の場所を探索すればもう一種別のモグラが捕獲できるかもしれないと考えたのだ。

最初にサパで調査したのは標高二八〇〇メートルというベトナムでは最高地点に近い場所である。それならより標高が低いところではどうだろうか、と考えて町の周囲を歩いて回った。すると驚いたことに町から少し下ったところにある農地にモグラのトンネルがあった。これはおもしろいと思って僕はワナを仕掛け、夕方に見回ったところ、一個体の生きているモグラがワナの中でもがいていた。形態の特徴はどうだろうか、やはり山奥にいるものとは違っていて、小型で真っ黒な毛皮をもつ別種のようだ（写真6・15）。おお喜びでホテルに帰って、調査隊のみんなに見せて回り、解剖してみたところまさに切歯数が二

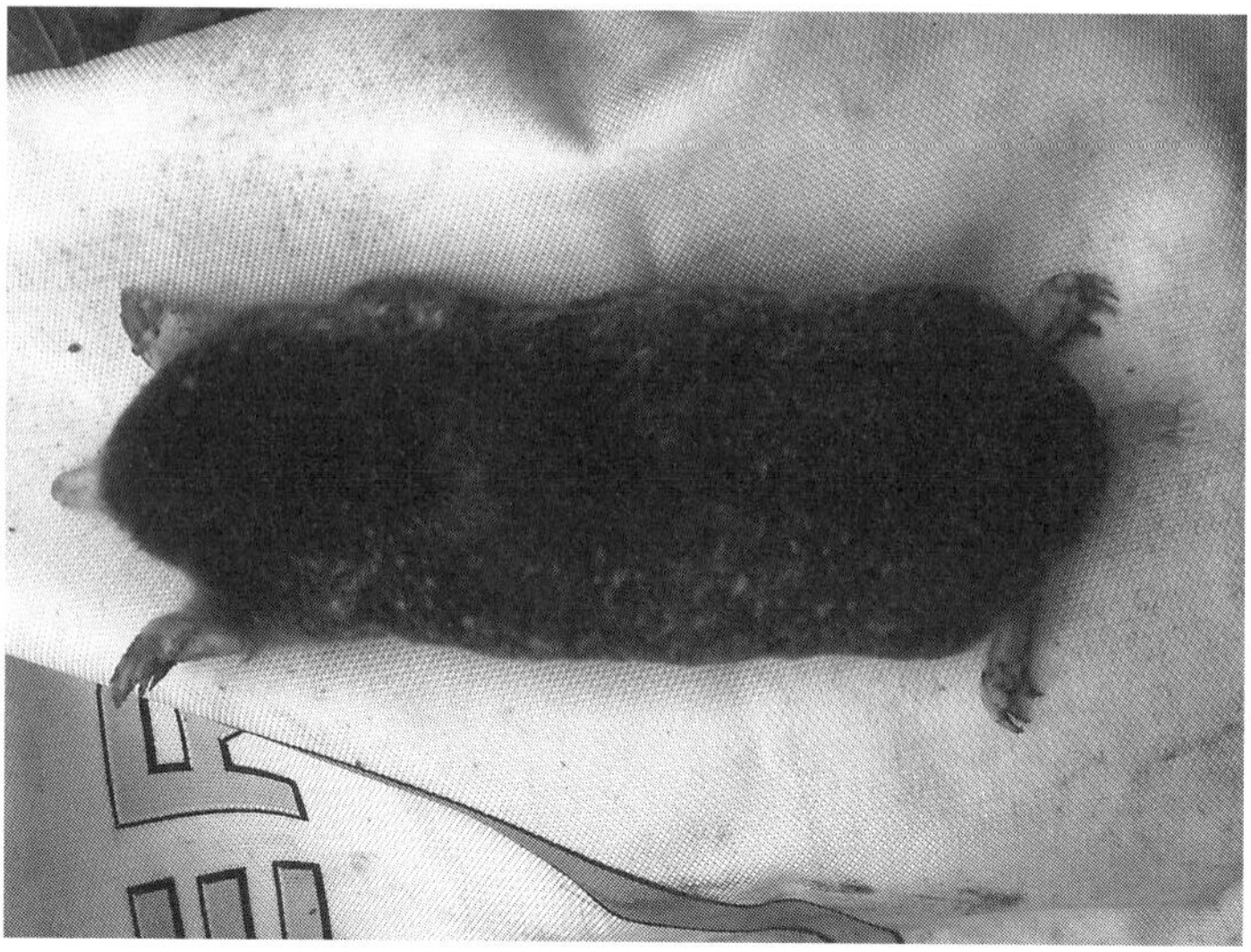

写真６・14　サパのハシナガモグラ．体に白い斑がある．

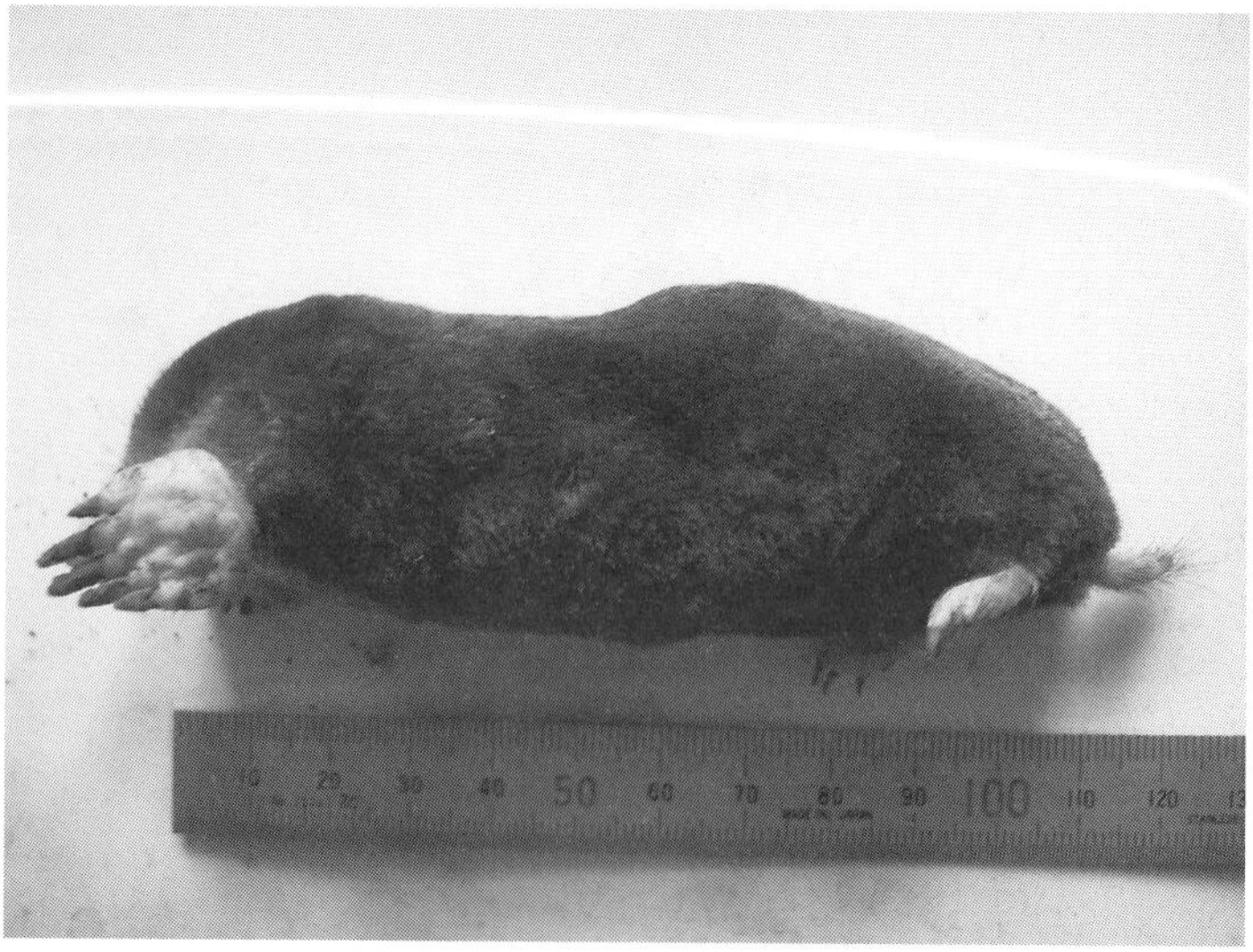

写真６・15　サパの農地では別属別種のフーチェンモグラがいる．

本のニホンモグラ属に分類されるモグラであった。これでサパに二属二種のモグラが分布していることは間違いない。狙い通りの種が捕獲できた喜びはたまらないものである。この日のビールは一段とおいしかった。

二〇〇八年の調査では、同じくベトナム北部で行われたが、サパと同様にこの二種のモグラが分布することがわかった。多数の標本を吟味して検討したところ、これら二種はオスグッドによって同定されたクロスモグラではなく、中国南西部からのみ記録があったハシナガモグラ（*Euroscaptor longirostris*）とフーチェンモグラ（*Mogera latouchei*）であることが判明した（Kawada, Son and Can, 2009）。

ついにドウナガモグラを捕獲する

僕の調査によってベトナムに生息するモグラの実態が少しずつ明らかになってきた。ところが僕はまだベトナム南部のドウナガモグラを捕獲していなかった。このチャンスがきたのは、現職の国立科学博物館に勤め始めてからのことだった。二〇〇六年の秋、僕はベトナム調査の計画をたてることにした。何度かチャレンジしたが生息場所を見つけられなかったベトナム南部のモグラに関する情報が、カンさん・ソンさんから得られたのである。彼らがモグラの生息を確認したのはベトナム中部のクァンナム県ドンギアンという場所で、ここは以前僕が訪問してモグラが生息しないことがわかったバックマ国立公園に近い場所にある。ドウナガモグラの分布はこれまでに南部の山地からのみ知られているため、中部地域のモグラがいかなる種であるかはまったく不明である。僕は宮崎大学の篠原明男さんに声をかけて、二人で調査に入

写真６・16　急な山道を登り調査に向う．先頭はカンさん．

ることにした。

　ハノイのノイバイ国際空港で飛行機を乗り継いで、僕と篠原さんはダナン空港で落ち合った。ソンさんが僕たちを笑顔で迎えてくれる。調査地として選ばれたのは、ダナンから車で一時間ほどのところにある山間のアジーン村である。現地案内はこの村の青年ロイさんが請け負ってくれた。この村があるのは海抜五〇〇メートル未満という平野部で、調査にはここから徒歩で二〇〇メートルほどの山を登ってたどりつく場所である。僕たちは重いワナを背負って急な山道を歩いた。低地の土質は赤土で乾燥気味である。これほど低い場所で本当にモグラがいるのかと疑いながらも歩を進めた（写真6・16）。すると標高二〇〇メートルほどの地点にたどり着いところで山道の傾斜はゆるくなり、森林の中を歩いていくようになった。土の質も良好な黒土となり、土を手にとって匂いをかぐと、心地良い香りの土質になっていることがわかった。そして先導するカンさんが指さしして僕に示した。モグラのトンネルがあったのだ。

　トンネルがあればモグラがいるに違いない。僕はせっせとワナを仕掛けては緩やかな山道を登っていった。すべてのワナを仕掛け終わったところで、また山道が険しくなってきた。カンさんは、「もう少し上ったところに今は使っていない村があるので、そこまで上って昼食にしよう」といった。僕たちは最後の力を振り絞る思いで、山道を登っていった。

たどり着いた村はアジーン村の住民がかつて利用していた村だということだった。柱を組み上げた高床式の小屋の中で僕たちは昼食をとった。

ベトナムでの昼食には、彼らがワインと呼ぶ匂いもアルコール度数も強い酒がつきものである。昼食後は昼寝の時間となる。

コラム　屋根裏の標本たち

良く食べ、良く飲み、良く眠り、そして良く仕事をするというのがベトナムの文化であると僕は思う。彼らはマイペースに生きているが、じつはとても働き者だ。昼寝の後で、村の方が僕たちをとある小屋まで案内してくれた。その小屋の屋根裏には、さまざまな動物の頭骨が掲げられていた。いずれも彼らが狩って食べた残骸である。このようにして頭骨を飾ることによって、さらなる豊猟を祈るのだそうだ。それにしても僕にとってはけっこうな数の標本である。これらの頭骨を調べれば、いろいろとおもしろい研究ができるのかもしれないな、と思いながら小屋を後にした。なお、モグラの頭骨は見つけられなかった。どうやらモグラは食べないらしい。

そして僕たちは下山の途についた。山を下りながらワナを確認していく。なんとここでも夕方にはすでにモグラが捕まっていた。ワナからモグラをはずす時に、少々違和感を感じたのを覚えている。僕はどういうモグラだろうかと考えながらも喜び勇んで下山していった。ホテルに戻って捕獲したモグラを見直してみると、僕と篠原君は顔を見合わせて声を上げた。「何だこれ？　変なモグラ〜！」（写真6・17）。そうなのである、僕がワナからモグラをはずすときに感じた違和感とは、このモグラの外形がとても奇妙な印象をもったからである。まず小型のこのモグラは、胴がやたらと長い。（そしてこの特徴は後に僕が *Euroscaptor parvidens* を「ドウナガモグラ」と呼ぶ理由となる。）そしてお尻の部分が後ろに膨大している。尾はとても短いのだが、むしろ尾が短いというより、尾の基部ほとんどがお尻にとり込まれたような形になっている。僕は世界中のモグラを見てきたが、こんな形のモグラは見たことがなかった。だいたいモグラというのは外部形態がそれほど変化しないもので、外形から種を識別するのは今の僕でもむつかしい。ところがこのモグラは明らかにほかの種と異なる特徴をもっていた。

僕たちは早速標本作成とサンプリングを始めた。頭骨をとりはずして、下顎切歯の数を数えたところ三本であったことから、アジアモグラ属の一種であることは間違いないらしい。一方で先に挙げた外部形態の特徴は、かつて僕が北部ベトナムで捕獲した種とは明らかに異なっていた。念のためラップトップコンピューターに入れていた北部ベトナムで捕獲したモグラの写真と見比べてみると、やはり間違いないらしい。一度エタノールで頭部を固定して、翌日頭骨標本を作製してみたところ、頭骨の形態も北部のものとは違っている。そして上顎臼歯を見てみたところ、とても小さい臼歯（parvidens）をもつことを確認した。

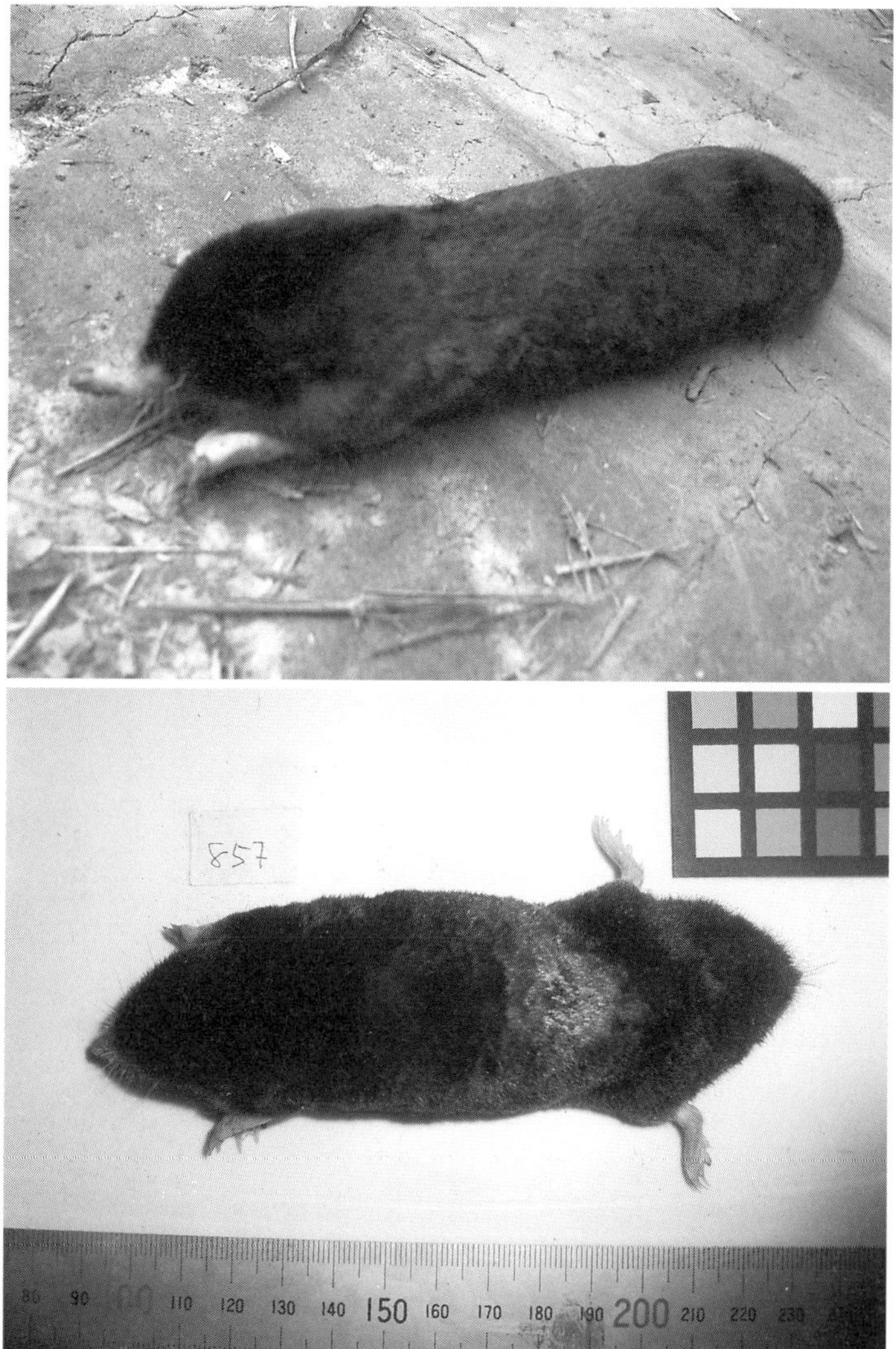

写真6・17　捕獲したドウナガモグラ．外形が奇妙なモグラだ．

「これは *Euroscaptor parvidens* だ」と僕は確信した。アメリカやフランスの博物館で観察したベトナム南部のモグラの頭骨の形態と一致する特徴をもっていたのである。僕はこれらの博物館でこのモグラの仮剥製標本も見ていた。その剥製は確かに細長い印象があったのだが、僕はそれをただ剥製の作り方がへたくそだからと誤解していた。ところがこのモグラは本当に胴が長いモグラだったのである。

このような僕の調査によってベトナムには少なくとも三種のモグラが分布していることがわかった。しかしながら現在までにカバーできている採集地はそれほど多くはない。南部に生息するドウナガモグラがどこまで北へ分布域をもっているのかも、まったく不明である。ハノイからダナンにかけての間の地域はまったく未調査なのである。またベトナムの北西部に広がる広大な山岳地帯にも、何がいるやらさっぱりわからない地域だ。まだまだ変なモグラは出てくるのかもしれない。ベトナムの自然はまだまだ未知だ。

あとがき

そしてまたモグラを求めて旅は続く。

旅するモグラ研究者は今も休むことはない。そう言いたいところだが、国立科学博物館に二〇〇五年の春から職を得て、僕のモグラ調査は少しゆっくりとした進行状況となっている。博物館ではさまざまな仕事があり、それに忙殺されているといえばそうであるが、モグラの研究は自分の一番大切なライフワークだから、ゆっくりと進めて行きたいと考えるようになったというのも一つの理由である。学生の頃に有職の先輩研究者たちからよく言われた「学生の頃が一番自由に研究できるのだから」という言葉を、今僕は最後に記すべきなのだろう。若い人たちにはぜひ情熱をぶつけられるものをもって欲しいと思う。

僕はこの本の中で染色体研究のポイントとして、新鮮な材料を得るための捕獲の重要性ということを何度か書いてきた。僕のフィールド経験の必然性とも言えることであるが、自分の研究材料を野外で捕獲し、その過程で生き物の姿を観察することや、それらを標本という証拠として残していく作業の重要性はやがて僕の研究の幅を広げて、形態学・分類学といった分野へと導いてくれた。現在の職にいるのも、モグラを通じて標本を作るということや、それを用いて研究するというスタイルを徐々に確立していったおかげである。最近では遺伝子研究の発展が著しいが、多くの研究者は小さなサンプルビンに入った少量の筋肉だけで、立派な研究成果をあげていく。ひどい場合は彼らが研究している動物がどのような姿をしているのか知らないことさえある。そういった研究のスタイルを見て、僕は「それで満足できるのかな?」と常々思っている。生き物の世界というものは四つのアルファベットの羅列では説明できない、もっとダイナミックなものだ。だから僕は実際に生き物を捕まえて調べるというスタイルをぜひお勧めしたい。

僕がこれまでに経験してきたことと言えば、ひたすらモグラを追い求めてきたことと、貧乏生活に耐え抜くということであったように思う。世の中には自分のやりたいことを追い求めていきたいけれども、生活基盤を整えるためにあきらめて就職するとか、貧乏生活はへっちゃらだけど、やりたいことが見つからない、という若者が多い中で、まあまあよくやってこれたなと思う。僕のこれまでの活動を支えてきたのは、情熱とか努力とか根性とか言う、とても古く美しい言葉で表される精神的な部分である。この本に書いた多くの方々は研究面で僕を助けてくれた人々でありながら、精神面で僕を支えてくれた人々でもある。感謝の気持ちでいっぱいである。

読者の方にはモグラについて知りたいという思いの方も多かったかもしれないが、その期待にじゅうぶんこたえられたかどうかというと、ちょっとわからない。むしろフィールドでの体験談で埋め尽くしたのは、本書を含むこのシリーズの意図するところであるのをご容赦願いたい。そう言い訳しつつ、自己満足で筆をおくことにした。

二〇一〇年八月四日　高校生向けの講座で訪れた檜原村のフィールドにて

川田伸一郎

参考文献

阿部 永（一九九二）シリーズ日本の哺乳類 技術編 哺乳類の捕獲法—小型哺乳類、食虫類の捕獲法。哺乳類科学、vol. 31(2)：一三九—一四三。

Catania, K. C., R. G. Northcutt, J. H. Kaas and P. D. Beck 1993. Nose stars and brain stripes. Nature 364: 493.

Dzuev, R. I. 1982. Prostranstvennaya struktura arealov, populyatsionnaya I geograficheskaya izmenchivost' krotov Kavkaza. Avtoreferat, dissertatsii na soiskanie uchenoi stepeni kandidata biologicheskikh nauk, Sverdlovsk. 20 pp (in Russian).

Fedyk, S. and E. Y. Ivanitsukaya, 1972. Chromosomes of the Siberian mole. Acta Theriol., 17: 496–497 + Plate IX.

Hanamura, H., Uematsu, Y. and Setoguchi, T. 1988. Replacement of the first premolars in Japanese shrew-moles (Talpidae: Insectivora). Journal of Mammalogy 69: 135–138.

Hutterer, R. 2005. Order Soricomorpha. pp. 220–311 in Mammal Species of the World, 3rd editon (D. E. Wilson, and D. M. Reeder eds.). The Johns Hopkins University Press, Baltimore, Maryland.

Imaizumi, Y. H. and Kubota, K. 1978. Numerical identification of teeth in Japanese shrew-moles, *Urotrichus talpoides* and *Dymecodon pilirostris. Bulletin of Tokyo Medical and Dental University*, 25: 91–99.

Jiménez, R., M. Burgos and R. Dias De La Guardia. 1984. Karyotype and chromosome banding in the mole (*Talpa occidentalis*) from the southeast of the Iberian Peninsula. Implications on its taxonomic position. Caryologia 37: 253–258.

Kano, T. 1940. *Zoogeographical studies of the Tsugitaka Mountains of Formosa*. Shibusawa Institute of the Ethnological Research, Tokyo.

Kawada, S., M. Harada, Y. Obara, S. Kobayashi, K. Koyasu and S. Oda 2001. Karyosystematic analysis of Japanese talpine moles in the genera *Euroscaptor* and *Mogera* (Insectivora, Talpidae). *Zoological Science*, 18(7): 1003–1010.

Kawada, S., M. Harada, A. S. Grafodatsky and S. Oda 2002a. Cytogenetic study of the Siberian mole, *Talpa altaica* (Insectivora, Talpidae), and karyological relationships within the genus *Talpa*. Mammalia, 66: 53–62.

Kawada S., K. Koyasu, E. I. Zholnerovskaya and S. Oda 2002b. A discussion of the dental formula of *Desmana moschata* in relation to the premaxillary suture. *Mammal Study*, 27(2): 107–111.

Kawada S., K. Koyasu, E. I. Zholnerovskaya and S. Oda. 2006a. Analysis of dental anomalies in the Siberian mole, *Talpa altaica* (Insectivora, Talpidae). *Archives of Oral Biology*, 51(11): 1029–1039.

Kawada S., S. Li, Y. Wang and S. Oda 2006b. Karyological study of *Nasillus gracilis* (Insectivora, Talpidae, Uropsilinae). *Mammalian Biology*, 71(2): 115–119.

Kawada, S., A. Shinohara, S. Kobayashi, M. Harada, S. Oda, and L. K. Lin. 2007. Revision of the mole genus *Mogera* (Mammalia: Lipotyphla: Talpidae) from Taiwan. *Systematics and Biodiversity*, 5(2): 223–240.

Kawada, S., S. Li, Y. Wang, O. Mock, S. Oda and K. L. Campbell. 2008a. Karyotype evolution of shrew moles (Insectivora: Talpidae). *Journal of Mammalogy*, 89(6): 1428–1434.

Kawada, S., M. Yasuda, A. Shinohara and B. L. Lim. 2008b. Redescription of the Malaysian mole as to be a ture species, *Euroscaptor malayana* (Insectivora, Talpidae). Mem. Natl. Mus. Nat. Sci., Tokyo (45): 65–74.

Kawada, S., N. T. Son and D. N. Can 2009. Moles (Insectivora, Talpidae, Talpinae) of Vietnam. *Bulletin of the National Museum of Nature and Science*, 35(2): 89–101.

Kawada, S., S. Oda, H. Endo, L. K. Lin, N. T. Son and D. N. Can, 2010. A comparative karyological study of Taiwanese and Vietnamese Mogera (Insectivora, Talpidae) and classification. Mem. Matl. Mus. Nat. Sci., Tokyo 46: 47–56.

Kratochvíl, J. and B. Král 1972. Karyotypes and phylogenetic relationships of certain species of the genus *Talpa* (Talpidae, Insectivora). Zool. Listy, 21: 199–208.

Motokawa, M. 2004. Phylogenetic relationships within the family Talpidae (Mammalia: Insectivora). *Journal of Zoology* (London), 263: 147–157.

Osgood, W. H., 1932. Mammals of the Kelly-Roosvelts and Delacour Asiatic expeditions. *Field Museum of Natural History, Zoological Series*, 18: 193–339 + 1 pl.

Paramonov, A. 1932. Diferentsialinyi analiz vozrastioi izmenchivosti v cherepe vykhukholi (*Desmana moschata* L.) [Age differentiation analysis on skulls of desmans]. In (N. M. Kylagin, ed) Trudy Laboratorii Prikladnoi Zoologii [The Achievements of Academy Siences of USSR], pp. 3–25 (in Russian with German summary), Izdater'stvo Akademii Nauk SSSR [Academy Sciences USSR Publisher], Moscow-Leningrad.

Shinohara, A., K. L. Campbell and H. Suzuki. 2003. Molecular phylogenetic relationships of moles, shrew moles, and desmans from the New and Old worlds. *Molecular Phylogenetics and Evolution*, 27: 247–258.

土屋公幸（一九八八）日本産モグラ科の染色体による分類。哺乳類科学、vol. 28：四九—六一。

Yates, T. L., A. D. Stock and D. J. Shmidly. 1976. Chromosome bandingpattern and the nucleolar organizer region of the Eastern mole (*Scalopus aquaticus*). *Experientia*, 32: 1276–1277.

Yoshiyuki, M. and Y. Imaizumi. 1991. Taxonomic status of the large mole from the Echigo Plain, central Japan, with description of a new species (Mammalia, Insectivora, Talpidae). *Bulletin of the National Science Museum of Natural History* Tokyo, Ser. A, 17: 101-110.

Yudin, B. S. 1971. Insectivorous Mammals of Siberia (Key). Nauka, Novosibirsk.

Yudin, B. S. 1989. Insectivorous Mammals of Siberia. Nauka, Novosibirsk. 360 pp (in Russian).

Ziegler, A. C. 1971. Dental homologies and possible relationships of recent Talpidae. *Journal of Mammalogy*. 52: 50–68.

☆モグラについて、もっと知りたいという方には、以下の本がおすすめです。

川田伸一郎（二〇〇九）モグラ博士のモグラの話。岩波ジュニア新書６３４。岩波書店、東京。207 pp。

索引

著者紹介

川田伸一郎（かわだ　しんいちろう）
1973年生まれ
名古屋大学大学院生命農学研究科博士課程修了　農学博士
国立科学博物館動物研究部　研究員
2004年度日本哺乳類学会奨励賞

フィールドの生物学《せいぶつがく》③
モグラ—見《み》えないものへの探求心《たんきゅうしん》—

2010年 9 月 5 日　第 1 版第 1 刷発行

著　者　川田伸一郎
発行者　安達建夫
発行所　東海大学出版会
〒257-0003 神奈川県秦野市南矢名3-10-35
TEL 0463-79-3921　FAX 0463-69-5087
URL http://www.press.tokai.ac.jp/
振替　00100-5-46614
印刷所　港北出版印刷株式会社
製本所　株式会社積信堂

ISBN978-4-486-01842-1

丸山宗利 編著　森と水辺の甲虫誌　A5変　三三六頁　三二〇〇円

大井　徹 著　ツキノワグマ―クマと森の生物学―　A5変　二六四頁　三二〇〇円

小山直樹 著　マダガスカル島―西インド洋地域研究入門―　A5変　三五二頁　三八〇〇円

土屋　誠
藤田陽子 著　サンゴ礁のちむやみ―生態系サービスは維持されるか―　A5変　二一二頁　二八〇〇円

青木淳一 著　ホソカタムシの誘惑　A5変　二〇〇頁　二八〇〇円

安田雅敏他 著　熱帯雨林の自然史―東南アジアのフィールドから―　A5　三〇〇頁　三八〇〇円

村山　司他 著　イルカ・クジラ学―イルカとクジラの謎に挑む―　A5変　二五六頁　二八〇〇円

ここに表示された金額は本体価格です．御購入の際には消費税が加算されますので御了承下さい．